清洁生产审核手册

环境保护部清洁生产中心　编著

中国环境出版集团·北京

图书在版编目(CIP)数据

清洁生产审核手册/环境保护部清洁生产中心编著.
—北京：中国环境出版集团，2015.2（2024.2 重印）
ISBN 978-7-5111-2030-4

Ⅰ. ①清… Ⅱ. ①环… Ⅲ. ①无污染工艺—检查—手册 Ⅳ. ①X383-62

中国版本图书馆 CIP 数据核字（2014）第 171202 号

出 版 人 武德凯
责任编辑 黄 颖
责任校对 尹 芳
封面设计 岳 帅

出版发行 中国环境出版集团
（100062 北京市东城区广渠门内大街 16 号）
网 址：http://www.cesp.com.cn
电子邮箱：bjgl@cesp.com.cn
联系电话：010-67112765（编辑管理部）
发行热线：010-67125803，010-67113405（传真）

印 刷 北京盛通印刷股份有限公司
经 销 各地新华书店
版 次 2015 年 3 月第 1 版
印 次 2024 年 2 月第 4 次印刷
开 本 787×1092 1/16
印 张 7.75
字 数 160 千字
定 价 36.00 元

出版说明

《清洁生产审核手册》于 2015 年正式出版，书中充分借鉴了国外清洁生产审核原理和方法，总结了我国 20 多年的清洁生产审核实践方法与经验，形成了具有我国特色的清洁生产审核方法与程序。

经过近 10 年的沉淀与积累，国家有关部门对清洁生产与清洁生产审核的政策法规文件进行了多次修订和完善，为了更好地满足新形势下的清洁生产审核需求，并更好地服务于广大读者，编者于 2024 年对《清洁生产审核手册》进行了全面的内容更新，以期其继续发挥行业指导工具的重要作用，为推动清洁生产审核的实践和发展做出积极贡献。

更新后的《清洁生产审核手册》内容主要仍分为两部分。第一部分为导论和 7 章正文，包括筹划和组织（审核准备）、预评估（预审核）、评估（审核）、方案产生和筛选（实施方案的产生与筛选）、可行性分析（实施方案的确定）、方案实施以及持续清洁生产；第二部分为附录，包括年金现值系数表、清洁生产审核工作用表、清洁生产审核报告编写要求、清洁生产审核验收报告编写。整体内容丰富，可操作性强，比较全面、详细地介绍了清洁生产审核的原理、方法、程序和具体步骤及要求，可供清洁生产审核技术人员使用，也可作为环保部门和工业部门的管理人员、技术人员以及大专院校师生的参考书。

我们特别感谢杜静、郑钊、邢杨、孙大光、尹晓晖、尚艳红、谢钰、张兴华、刘扬、刘一男和赵辉在本次修订工作中的辛苦付出和贡献。他们为本书的更新提供了宝贵的专业意见和实践经验。

《清洁生产审核手册》编委会

序

自 18 世纪工业革命以来，传统的工业化道路主宰了人类社会几百年的工业化进程，在推动了社会经济发展的同时也付出了过度消耗资源和牺牲生态环境的惨重代价。伴随着全球经济的快速发展，全球性的环境污染问题已开始频繁出现，清洁生产作为全新的污染防治手段，从源头开始避免资源能源损失和浪费，预防或削减了污染物的产生，彻底颠覆了“先污染，后治理”的污染控制理念，在资源利用、污染减排和经济效益三方面发挥了综合协调作用，是防治工业污染的根本有效的途径，是创新性的环境保护理念与战略。

我国自 20 世纪 90 年代初引入清洁生产理念并开展清洁生产试点、示范以来，已经经过 30 多年的发展，取得了令人瞩目的成果。2002 年 6 月 29 日，第九届全国人大常务委员会第二十八次会议审议通过了《中华人民共和国清洁生产促进法》，该法于 2003 年 1 月 1 日正式施行。这是我国第一部以污染预防为主要内容的专门法律，是我国全面推行清洁生产的里程碑，标志着我国清洁生产进入了法制化的轨道。国家发展和改革委员会与原国家环境保护总局于 2004 年颁布实施的《清洁生产审核暂行办法》促使清洁生产审核成为我国推进清洁生产最有效的手段和方法，确定了自愿性审核和强制性审核协同推进的模式，建立了清洁生产审核一系列配套制度，清洁生产工作也取得了明显进展与成就。2012 年 2 月 29 日，第十一届全国人大常务委员会第二十五次会议通过了《关于修改〈中华人民共和国清洁生产促进法〉的决定》，对《中华人民共和国清洁生产促进法》进行了修订，并于 2012 年 7 月 1 日起施行。修正后的《中华人民共和国清洁生产促进法》对我国清洁生产工作提出了新的要求，明确建立了强制性清洁生产审核制度。

我国在引进消化国际清洁生产审核经验的基础上，结合我国国情完善了企业清洁生产审核方法学，并在实践中指导了数万家企业的清洁生产审核，涉及化工、冶金、石油、建材、医药、纺织印染、食品加工、电力、造纸、电镀、制革、电子、采矿、服务业等众多行业。随着我国清洁生产审核工作的推动，清洁生产已经由工业逐步推向服务业、农业，从试点示范逐步推向区域、流域、行业范围的整体行动，实施清洁生产审核的企业数量也有了大幅度增加。

现阶段我国正处在工业化中期，加快工业化、城镇化进程是一项长期的重大战略任务。特别是党的十八大首次单篇论述“生态文明”，明确指出“推进绿色发展、循环发展、低碳发展”，并提出“要加大自然生态系统和环境保护的力度。坚持预防为主、综合治理，以解决损害群众健康突出环境问题为重点，强化水、大气、土壤等污染防治”。新时期做好清洁生产工作，是贯彻落实党中央、国务院科学发展观重要思想的切入点和抓手，坚持预防为主，符合环境保护和资源节约的趋势，符合我国可持续发展战略。

我们相信，在原有《企业清洁生产审计手册》的基础上修改完善的《清洁生产审核手册》，将会更加有效地结合我国国情和最新发展战略与环保战略，进一步指导和规范广大从事清洁生产的工作者和企业开展清洁生产审核，促进政府、企业、咨询机构与公众共同开创推行清洁生产工作的新局面。

段宁

2015年2月

前　言

清洁生产自20世纪80年代由美国等发达国家提出以来，得到了国际社会的普遍响应与认可。清洁生产作为一种全新的环境保护战略，通过提高资源能源利用效率、降低污染物的产生，推动了环境保护由单纯依靠末端治理逐步转向源头削减为主的全过程污染预防与控制的根本转变。

清洁生产审核是实施清洁生产最主要的途径和手段之一，通过一整套系统、科学的程序，对生产和服务全过程进行调查研究与诊断，找出能耗高、物耗高、污染重的环节，针对其产生原因，提出消除或减少有毒有害物料的使用、产生，降低能耗、物耗以及废物产生的方案，进而选出技术、经济与环境均可行的最佳清洁生产方案，并通过方案的实施，不断提高清洁生产水平。

1996年12月，在原国家环保局的主持下，原国家清洁生产中心段宁、陈文明、于秀玲、尹荣楼、任欣、刘忠、周仲凡、夏康群等编著并出版了《企业清洁生产审计手册》。该手册作为我国实施清洁生产审核的重要技术指导规范，在近20年的清洁生产审核推进实践中，极大地推动了我国企业的清洁生产审核工作，并在提升全民清洁生产意识、实现企业节能减排方面发挥了重要作用。迄今为止，我国清洁生产审核工作已经由最初的试点示范推广到全国各地、各行各业，逐步由工业向农业、建筑业、服务业推进。全国已经有数万家企业开展了清洁生产审核，并取得了显著的经济效益和环境效益。

2003年《中华人民共和国清洁生产促进法》正式颁布实施，清洁生产审核制度成为推进清洁生产的一项重要法律制度。2012年，我国对该法进行了修正，同时党的十八大也提出了关于生态文明建设的最高纲领和要求，将生态文明建设摆在总体布局的高度来实施，对清洁生产赋予了更高的期望与内涵。清洁生产审核方法与程序也需要不断地创新和完善以满足生态文明建设和提升企业清洁生产水平的要求。因此，国家清洁生产中心（即环境保护部清洁生产中心）在原《企业清洁生产审计手册》的基础上，结合我国近20年的实践经验与成果，完善修订并出版了《清洁生产审核手册》(以下简称《手册》)。

本《手册》由周长波和尹洁主编完成，其中导论由白艳英、宋丹娜、尹洁、吴昊、袁殷、周奇编著；第1章筹划和组织由吴昊、尹洁、段晓莉编著；第2章预评估由尹洁、吴昊、刘一男、李汉平、杜静、黄克玲编著；第3章评估由尹洁、杜静、吴昊、周奇编著；第4章方案产生和筛选由王璠、吴昊、尹洁编著；第5章可行性分析由李汉平、潘涔轩、尹洁、吴昊编著；第6章方案实施由潘涔轩、窦广玉、黄克玲、杜静、尹洁编著；第7章持续清洁生产由周长波、裴倩倩、李旭华编著；附录由尹洁、李汉平、吴昊、赵辉编著。

本《手册》在编写过程中得到了国家清洁生产中心原主任段宁院士和于秀玲研究员的指导和帮助；尚艳红、邢杨、谢钰、郑钊、张兴华、孙大光、尹晓晖、刘扬、刘丽、杨虹、樊景星、杨爱民等专家在本《手册》编制过程中提出了许多重要而富有建设性的意见，在此表示诚挚的谢意。

由于编者水平有限，本《手册》不免存在疏漏甚至错误之处，欢迎广大读者批评指正。

编　者

2015年2月

目　录

导　论

在过去的一个多世纪里，随着经济的高速发展，全球性的环境污染和生态破坏越来越严重，能源和资源的短缺也日益困扰着人们。在经历了几十年的末端治理之后，以美国为首的西方工业发达国家重新审视了它们的环境保护历程，发现仅依靠开发更有效的污染控制技术所能实现的环境改善是有限的，不但治理代价高昂，仍有许多环境问题令人望而生畏，包括全球气候变暖和臭氧层破坏，重金属和农药等污染物在环境介质间转移等，与此同时，日益加剧的资源能源短缺也未能得到缓解。人们逐渐认识到，关心产品、生产过程及服务对环境的影响，依靠改进设计、生产工艺和加强管理等措施提高资源能源利用效率，进而减少废物和污染物的产生，由此从根本上消除污染可能更为有效，于是清洁生产战略应运而生。

一、什么是清洁生产

清洁生产在不同的发展阶段或者不同的国家有不同的叫法，例如“废弃物最小化”“无废工艺”“污染预防”等，但基本内涵一致，即对产品和产品的生产过程采用预防污染的策略来减少污染物的产生。

清洁生产是人们思想和观念的一种转变，是环境保护战略由被动反应向主动行动的一种转变。联合国环境规划署在总结了各国开展的污染预防活动，并加以分析优化后，于 1989 年首次提出了清洁生产的定义，得到了国际社会的普遍认可和接受，其定义于 1996 年进一步修订如下：

“清洁生产是一种新的创造性思想，该思想将整体预防的环境战略持续应用于生产过程、产品和服务中，以增加生态效率和减少人类及环境的风险。

——对生产过程，要求节约原材料和能源，淘汰有毒原材料，削减所有废弃物的数量和毒性。

——对产品，要求减少从原材料提炼到产品最终处置的全生命周期的不利影响。

——对服务，要求将环境因素纳入服务的设计和提供过程中。”

2003 年开始实施的《中华人民共和国清洁生产促进法》对清洁生产给出了以下定义：

“清洁生产，是指不断采取改进设计、使用清洁的能源和原料、采用先进的工艺技术与设备、改善管理、综合利用等措施，从源头削减污染，提高资源利用效率，减少或者避免生产、服务和产品使用过程中污染物的产生和排放，以减轻或者消除对人类健康和环境的危害。”

综合而言，清洁生产是一种在生产过程、产品和服务中既满足人类的需要，又合理高效地利用自然资源，追求经济效益最大化和对人类与环境危害最小化的生产方式，主要包括三个方面的内容：

（1）自然资源的合理与高效利用：要求投入的原材料和能源以最合理和有效的方式，生产出在数量或价值上尽可能高的产品，提供尽可能多的服务。

（2）经济效益最大化：通过节约资源、降低损耗、提高生产效率和产品质量，达到降低生产成本、提升企业的竞争力的目的。

（3）对人类健康和环境的危害与风险最小化：通过最大限度地减少有毒有害物质的使用、采用无废或者少废的清洁生产技术和工艺、减少生产过程中的各种危险因素、回收和循环利用各类废物、采用可降解材料生产产品和包装、合理包装以及改善产品功能等措施，实现对人类健康和环境的危害与风险最小化。

清洁生产的英文名词为“Cleaner Production”，意为“更清洁的生产”，是一个相对的概念，所谓清洁原料、清洁生产技术和工艺、清洁能源、清洁产品等都是指相对于当前所采用的原料、生产技术工艺、能源和生产的产品而言的，其所产生的污染更少、对环境危害更小。因此，清洁生产是一个持续进步的过程，而不是一个用某一特定标准衡量的目标。

二、为什么要推进清洁生产

1．推进清洁生产是实现可持续发展的重要保障

1992 年在巴西里约热内卢召开的联合国环境与发展大会会议通过的《21 世纪议程》制定了可持续发展的重大行动计划，将清洁生产看作是实现可持续发展的关键因素，号召各国提高能效，开发更清洁的技术，更新、替代对环境有害的产品和原材料，实现环境和资源的保护和有效管理。

过去几十年，我国经济快速发展，经济增长与环境、资源矛盾激化，因此引进和推行清洁生产成了必然选择。清洁生产可大幅度减少资源消耗和废物产生，通过努力还可使已经破坏了的生态环境得到缓解和恢复，排除资源匮乏和污染困扰，走可持续发展之路。

2．推进清洁生产是提高资源能源利用效率、促进环境保护从末端治理向污染预防转变的根本途径

清洁生产作为污染预防的环境战略，是对传统的末端治理手段的根本变革，是污染防治的最佳模式。传统的末端治理与生产过程相脱节，即“先污染，后治理；边治理，边污染”，立足点是被动的“治”。清洁生产强调的是源头削减，从源头抓起，实行生产全过程控制，减少乃至消除污染物的产生，立足点是主动的“防”。传统的末端治理投入多、治

理难度大、运行成本高，往往只有环境效益，没有或少有经济效益，企业缺乏治理的积极性。清洁生产最大限度地利用资源，在生产过程之中减少污染物产生，减轻末端治理的难度和压力，不仅环境状况从根本上得到改善，而且能源、原材料和生产成本降低，经济效益提高，能够实现经济与环境“双赢”。清洁生产与传统的末端治理的最大不同是找到了环境效益与经济效益相统一的结合点，能够充分调动企业防治污染的积极性。

3．推进清洁生产是破解贸易保护壁垒，提高企业竞争力的重要手段

在我国加入 WTO 的新形势下，推动实施清洁生产具有更为紧迫的意义。在应对全球经济危机的背景下，各种形式的贸易保护主义有所抬头，与环境相关的绿色贸易壁垒已成为一个重要的非关税贸易壁垒。发达国家设置了一些发展中国家难以达到的资源环境技术和产品标准，一些国家还酝酿把碳排放与贸易挂钩，征收所谓的“碳关税”，这些都将可能对我国的对外贸易和相关产业发展构成较大影响。大力推进清洁生产，将清洁生产理念与企业的生产过程和经营活动相结合，提供符合环保要求的“清洁产品”，可以切实提高我国企业的国际竞争力，在激烈的国际竞争中立于不败之地。

三、如何推行清洁生产

清洁生产的实施主体是企业，推行主体是各级政府部门。

从企业层次来说，实施清洁生产有以下几个方面的工作要做：

（1）采用清洁的原辅材料和资源能源；

（2）采用清洁生产技术和工艺；

（3）进行产品和包装生态设计；

（4）注明大型机电设备、机动运输工具的材料成分；

（5）使用绿色农业肥料；

（6）对服务性企业采用环境友好型技术和工艺；

（7）采用绿色建筑和装修材料；

（8）采用合理利用资源的矿产工艺技术；

（9）对三类企业实施强制性清洁生产审核：污染物排放超过国家或者地方规定的排放标准，或者虽未超过国家或者地方规定的排放标准，但超过重点污染物排放总量控制指标的；超过单位产品能源消耗限额标准构成高耗能的；使用有毒、有害原料进行生产或者在生产中排放有毒、有害物质的；

（10）将强制性清洁生产审核结果向所在地县级以上地方人民政府负责清洁生产综合协调的部门、环境保护部门报告；

（11）上述三类以外的企业可自愿与当地主管部门签订清洁生产协议。

清洁生产的基本要求是“从我做起，从现在做起”，进行清洁生产审核是推行企业清洁生产的关键和核心。

从政府的角度出发，推行清洁生产有以下几个方面的工作要做：

（1）在财政税收、工业开发、科技发展、宣传教育等方面制定特殊的政策以鼓励企业推行清洁生产；

（2）从国家、地方、部门层面制定清洁生产推行规划；

（3）从国家、地方层面设立清洁生产专项资金；

（4）建立清洁生产技术支撑体系，包括建立清洁生产信息系统和技术咨询服务体系，发布清洁生产技术、工艺、设备和产品导向目录及限期淘汰名录，开展培训、宣传和教育等以提高公众清洁生产意识；

（5）公布高能耗、重污染的企业名单；

（6）对企业实施强制性清洁生产审核的情况进行监督，必要时可以组织对企业实施清洁生产的效果进行评估验收。

四、国内外清洁生产进展

（一）国际清洁生产的发展

1. 北美起源

清洁生产最早起源于20世纪60年代美国化工行业的污染预防审计，美国20世纪80年代初提出的“废物最小化”政策是美国污染预防的初期表述，1989年，美国提出了“污染预防”的概念，并以之取代废物最小化。因此，在北美各国如美国、加拿大等“清洁生产”被称为“污染预防”。

1990年10月，美国国会通过《污染预防法》，通过立法手段确认了污染的“源削减”政策；从联邦到各州的环保局都设立了专门的污染预防办公室，推动组织实施清洁生产；为各地方环保局开展污染预防工作提供全部工作经费，用于企业清洁生产审核咨询和清洁生产研究工作；根据《污染预防法》，美国在环保局指导下，33/50计划及能源之星计划等项目都取得了成功。“33/50计划”是美国环保局1991年推行实施的一项污染防治计划，以1988年为基准，规定了17种有害化学物质的排放量到1992年降低33%，到1995年降低50%。“能源之星”计划是由美国环保局于1992年启动的，目的是为了降低能源消耗及减少发电厂所排放的温室气体。此计划并不具强迫性，自发配合此计划的厂商，就可以在其合格产品上贴上能源之星的标签，从最早的电脑等资讯电器，逐渐延伸到电机、办公室设备、照明、家电、建筑等。

加拿大于1991年成立了“全国污染预防办公室”，协调和推动全国的污染预防工作，该办公室还负责一个旨在推进自愿减少使用或消除使用列入清单的有毒化学品的项目。另外，加拿大政府又制订了资源和能源保护技术的开发和示范规则，率先开展了“3R”（即减量化Reduce、再利用Reuse和再循环Recycle）运动，延伸了清洁生产的概念及范围，促进清洁生产工作的开展。

2．欧洲发展

20 世纪 70 年代中后期，“废物最小化”、“污染预防”等理念由北美传入欧洲，“清洁生产”概念开始出现。1976 年，欧盟（原欧共体）在巴黎的“无废工艺与无废生产国际研讨会”上提出“消除造成污染的根源”的思想，初步提出清洁生产理念；1979 年，欧盟（原欧共体）理事会正式宣布推行清洁生产政策；1984—1987 年，欧盟（原欧共体）环境事务理事会拨款支持建立清洁生产示范项目，在欧盟各国示范推广清洁生产理念及实践。

瑞典于 1987 年最早引入了美国废弃物最小化评估方法，随后，荷兰、丹麦和奥地利等国也相继开展了清洁生产。欧盟的重点是清洁技术，强调技术上的创新，同时把财政资助与补贴作为一项基本政策，其政策的基本点都着眼于如何减轻末端治理的压力，而将污染防治上溯到生产源头，拓展到生产全过程。欧洲开展清洁生产的国家还普遍对企业清洁生产审核提供政府补贴。最值得注意的是欧盟 1996 年通过的“综合污染预防与控制”（Integrated Pollution Prevention and Control，IPPC）指令，该指令要求欧盟成员国在 3 年内建立本国的法律法规，将污染预防和污染控制综合起来考虑以减少对环境的总危害，通过建立协调一致的一体化工业污染防治系统，防止或减少企业向大气、水体和土壤中排放污染物，从而在整体上对生态环境实现高水平保护。IPPC 指令最重要的特点就是它是针对企业工业生产全过程的、以污染预防为主、综合性的污染防治战略，这一点恰恰体现了清洁生产的理念。欧盟已经针对主要的重污染行业研究制定出了 33 个行业的最佳可行技术参考文件。

进入 21 世纪后，发达国家清洁生产政策有两个重要倾向：其一是着眼点从清洁生产技术逐渐转向清洁产品的整个生命周期；其二是从大型企业在获得财政支持和其他种类对工业的支持方面拥有优先权转变为更重视扶持中小企业进行清洁生产，包括提供财政补贴、项目支持、技术服务和信息等措施。

3．全球推进

1989 年，联合国正式提出“清洁生产”的概念。联合国工业发展组织（UNIDO）和联合国环境规划署（UNEP）通过在部分国家启动清洁生产试点示范项目，将“清洁生产”引入这些国家并加以实践验证，开始在全球范围内推行清洁生产。自此，清洁生产开始在全世界全面推广、施行并取得了良好的成果。

1995 年，在瑞士、奥地利政府以及其他双边和多边资助方的支持下，联合国工业发展组织与联合国环境规划署联合启动了世界上首个全球范围清洁生产项目——“建立发展中国家国家清洁生产中心”的项目，共帮助近 50 个发展中国家建立了国家或地区级清洁生产中心，培训了大批清洁生产专家，完成了大量企业清洁生产审核，并对清洁生产审核成果和经验进行宣传、推广。

2010 年 11 月，联合国工业发展组织和联合国环境规划署第二次联手启动了“全球资源高效利用与清洁生产项目”，共同资助并支持成立了“全球资源高效利用与清洁生产网络”（The Global Network for Resource Efficient and Cleaner Production，RECP-Net）。这是全球第一个非营利性的发展中国家清洁生产专业网络，是由发展中国家清洁生产中心和部分发达国家清洁生产专业咨询机构为主要成员单位组成的全球规模最大的清洁生产专业网络，现有成员 41 个。环保部清洁生产中心作为首批成员单位，于 2010 年 11 月正式加入该网络，现为本网络中我国唯一一家网络成员。“全球资源高效利用与清洁生产网络”总体目标是促进“资源高效利用与清洁生产”理念、方法、政策、实践及技术在发展中国家和转型国家的有效开发、应用、完善与推广；同时加强南南及南北之间的有效合作，共享先进的资源高效利用与清洁生产知识理念、经验和技术。

目前全世界已经有 70 多个国家全面或部分开展清洁生产工作，包括美国、加拿大、日本、澳大利亚、新西兰以及欧盟各国（法国、荷兰、丹麦、瑞典、瑞士、英国、奥地利等国）在内的发达国家以及中国、巴西、捷克、南非等近 50 个发展中国家。

（二）我国清洁生产的发展

我国清洁生产经过 30 年的发展，总体上经历了清洁生产理念引入（1983—1992 年）、清洁生产试点、示范及立法（1993—2003 年）、清洁生产循序推进制度化（2003 年至今）三个阶段。

清洁生产理念引入阶段。清洁生产的理念和方法开始引入我国，1992 年 8 月国务院制定了《环境与发展十大对策》，发布了“中国清洁生产行动计划（草案）”，清洁生产成为解决我国环境与发展问题的对策之一。

清洁生产试点、示范及立法阶段。明确提出了工业污染防治必须从单纯的末端治理向生产全过程控制转变、实行清洁生产的要求，明确了清洁生产在我国工业污染防治中的地位。1996 年 8 月，原国家环保局制定并发布了《关于推行清洁生产的若干意见》，要求地方环境保护主管部门将清洁生产纳入已有的环境管理政策中。1999 年 5 月，原国家经贸委发布了《关于实施清洁生产示范试点的通知》，选择北京、上海、天津、重庆、兰州、沈阳、济南、太原、昆明、阜阳 10 个试点城市和冶金、石化、化工、轻工、纺织 5 个试点行业开展清洁生产示范和试点。2002 年 6 月 29 日，第九届全国人大常委会第 28 次会议审议通过了《中华人民共和国清洁生产促进法》，并于 2003 年 1 月 1 日正式施行。该法是我国第一部以污染预防为主要内容的专门法律，是我国全面推行清洁生产新的里程碑，标志着我国清洁生产进入了法制化的轨道。

清洁生产循序推进制度化阶段。2003 年开始我国清洁生产工作进入“有法可依、有章可循”阶段。国务院各部门根据《中华人民共和国清洁生产促进法》（以下简称《清洁生产促进法》）中的要求与职能分工，出台和制订了较为详细的清洁生产政策、法规、标准、技术规范、评价指标体系等一系列政策和技术支撑文件。2004 年 8 月颁布实施的《清洁生产审核暂行办法》促使清洁生产审核成为我国推进清洁生产的最有效的手段和方法，确定了自愿性审核和强制性审核协同推进的模式，建立了清洁生产审核一系列配套制度，清洁生产工作也取得了明显进展与成就。2012 年 2 月 29 日，中华人民共和国第十一届全国人民代表大会常务委员会第二十五次会议通过了《关于修改〈中华人民共和国清洁生产促进法〉的决定》，对《清洁生产促进法》进行了修正，并于 2012 年 7 月 1 日起施行。修正后的《清洁生产促进法》对我国清洁生产工作提出了新的要求，明确建立了强制性清洁生产审核制度。为进一步规范清洁生产审核程序，更好地指导地方管理部门和企业开展清洁生产审核，国家发展改革委会同原环境保护部于 2016 年 5 月对《清洁生产审核暂行办法》进行了修订，并于 2016 年 7 月 1 日起正式颁布实施《清洁生产审核办法》。

（三）我国清洁生产审核的发展

1993 年，我国启动实施了首个清洁生产国际合作项目“推进中国的清洁生产”（世界银行技术援助项目 B-4 子项目），清洁生产审核作为重要的清洁生产工具正式引入我国并进行了首批试点示范。30 多年来，我国清洁生产审核工作得到了长足推进与发展。

1. 创新建立了强制性清洁生产审核制度

《清洁生产促进法》是指导我国清洁生产推进的根本大法，《清洁生产审核办法》是各部门推进清洁生产审核的部门规章，这些法律文本条款中对企业开展清洁生产审核提出了明确要求，建立了强制性清洁生产审核制度。

（1）明确清洁生产审核以企业为主体，遵循企业自愿审核与强制性审核相结合原则

《清洁生产促进法》第二十七条规定：“企业应当对生产和服务过程中的资源消耗以及废物的产生情况进行监测，并根据需要对生产和服务实施清洁生产审核。”

《清洁生产审核办法》第五条规定：“清洁生产审核应当以企业为主体，遵循企业自愿审核与国家强制审核相结合、企业自主审核与外部协助审核相结合的原则，因地制宜、有序开展、注重实效。”

（2）明确了强制性清洁生产审核企业的范围

《清洁生产促进法》第二十七条规定：“有下列情形之一的企业，应当实施强制性清洁生产审核：

① 污染物排放超过国家或者地方规定的排放标准，或者虽未超过国家或者地方规定的排放标准，但超过重点污染物排放总量控制指标的；

② 超过单位产品能源消耗限额标准构成高耗能的；

③ 使用有毒、有害原料进行生产或者在生产中排放有毒、有害物质的。”

（3）明确企业开展强制性清洁生产审核的法律责任

《清洁生产促进法》第三十六条规定：“未按照规定公布能源消耗或者重点污染物产生、排放情况的，由县级以上地方人民政府负责清洁生产综合协调的部门、环境保护部门按照职责分工责令公布，可以处十万元以下的罚款。”

第三十九条规定：“不实施强制性清洁生产审核或者在清洁生产审核中弄虚作假的，或者实施强制性清洁生产审核的企业不报告或者不如实报告审核结果的，由县级以上地方

人民政府负责清洁生产综合协调的部门、环境保护部门按照职责分工责令限期改正；拒不改正的，处以五万元以上五十万元以下的罚款。”

（4）明确企业开展清洁生产审核的方式和途径

《清洁生产审核办法》第十五条规定：“清洁生产审核以企业自行开展为主。实施强制性清洁生产审核的企业，如果自行独立组织开展清洁生产审核，应具备本办法第十六条第（二）款、第（三）款的条件。不具备独立开展清洁生产审核能力的企业，可以聘请外部专家或委托具备相应能力的咨询服务机构协助开展清洁生产审核。”

2．建立了较为完善的清洁生产审核推进的政策法规体系

经过近 30 年的发展，我国建立了以《清洁生产促进法》、《清洁生产审核办法》（第 38 号令）为核心的清洁生产政策法规体系。环境保护部围绕需实施强制性清洁生产审核的重点企业的清洁生产审核推进工作，相继颁布实施了《重点企业清洁生产审核程序的规定》（环发〔2005〕151 号）、《关于进一步加强重点企业清洁生产审核工作的通知》（环发〔2008〕60 号）、《关于深入推进重点企业清洁生产的通知》（环发〔2010〕54 号），以及 2020 年生态环境部印发的《关于深入推进重点行业清洁生产审核工作的通知》（环办科财〔2020〕27 号）；2023 年国家发展改革委印发了《关于推行清洁生产 2023 年工作重点的通知》（发改办环资〔2023〕200 号）；工信部、科学技术部、财政部下发了《工业清洁生产推行“十二五”规划》（工信部联规〔2012〕29 号）；国家发展改革委、生态环境部、工业和信息化部等十部门 2021 年联合印发了《“十四五”全国清洁生产推行方案》；20 多个省市颁布了《清洁生产审核实施细则》、《清洁生产审核评估验收管理规定》、《清洁生产审核咨询机构管理规定》以及相关审核管理文件，形成了我国较为完善的清洁生产审核政策法规体系。

3．建立并完善了重点企业强制性清洁生产审核推进机制

近几年，我国重点企业强制性清洁生产审核工作取得明显成效，从公布重点企业名单、开展强制性清洁生产审核，到实施评估验收形成了一套有效的重点企业清洁生产推进机制。建立了重点企业清洁生产审核通报制度，环境保护部原则上每年发布年度全国重点企业清洁生产审核情况的通报，自 2008 年起，现已连续发布 4 年；建立了全国重点企业清洁生产公告制度，如 2010—2012 年共发布了 5 批《全国重点企业清洁生产公告》，向社会公布了 17 862 家通过清洁生产审核评估、验收的重点企业及基本信息。重点企业清洁生产审核工作与大气污染防治、水污染防治、重金属污染防治、化学品污染防治、促进产能过剩行业结构调整等国家重点任务紧密结合在一起，起到了有效的促进作用。

4．建立了清洁生产审核推进的技术支撑体系

① 引进消化国际清洁生产审核经验，结合我国国情完善了清洁生产审核方法学，在实践中指导了数万家企业的清洁生产审核，涉及化工、冶金、石油、建材、医药、纺织印染、食品加工、电力、造纸、电镀、制革、电子、采矿、服务业等众多行业。

② 国家发展和改革委员会陆续发布 45 个行业清洁生产评价指标体系，环境保护部颁布实施了 58 项行业清洁生产标准（其中 56 项为行业清洁生产标准，2 项为导则）、两批需

重点审核的有毒有害物质名录和《重点企业清洁生产行业分类管理名录》，指导企业开展清洁生产审核。2013 年国家发展改革委、环境保护部、工业和信息化部整合原有清洁生产标准和清洁生产评价指标体系，联合发布了新的行业清洁生产评价指标体系。截至 2023 年 12 月共发布 1 个导则 52 个行业清洁生产评价指标体系。

③ 组织开展了行业清洁生产审核指南的编写工作，规范和指导不同行业的企业清洁生产审核。

④ 建立了从国家到地方各个层面的清洁生产推进技术支撑单位（清洁生产中心）体系，目前全国建立了 12 个省级、19 个地市级和 15 个行业清洁生产中心，全国共有 1 500 多个清洁生产技术咨询服务机构为企业提供清洁生产审核、技术服务。

⑤ 从国家到地方，建立了多层次清洁生产管理与技术培训体系，累计培训清洁生产审核人员 5 万余人，为清洁生产推进提供了技术服务支撑。

⑥ 国家发展和改革委员会和环境保护部共同组建了“国家清洁生产专家库”，为清洁生产推进提供清洁生产审核方法学、行业清洁生产工艺的技术支撑。

5．开展清洁生产审核企业数量有了快速增长，取得明显绩效

随着我国清洁生产审核工作的推动，清洁生产已经由工业逐步推向服务业、农业，从试点示范逐步推向区域、流域、行业范围的整体行动，实施清洁生产审核的企业数量也有了大幅度增加。以重点企业清洁生产审核为例，随着重点企业清洁生产审核工作的不断推进，开展清洁生产审核企业数量有了快速增长，“十三五”以来，全国共有 4 万余家企业开展了强制性清洁生产审核工作，清洁生产改造资金投入达 2 700 多亿元，提出清洁生产方案超过 61 万个。通过实施清洁生产改造削减废水约 51.6 亿 t、化学需氧量约 37.0 万 t、氨氮产生量约 5.1 万 t，削减二氧化硫约 68.8 万 t、氮氧化物约 56.7 万 t，通过节约电力、煤炭、天然气等的使用，累计减少二氧化碳排放约 43.7 亿 t（注：以上数据来源于生态环境部科财司、国家发展改革委环资司主要负责同志就《关于同意实施第一批清洁生产审核创新试点项目的通知》答记者问）。

6．开展清洁生产审核创新试点工作探索

① 随着我国工业园区化、集约化、产业链式发展和生态环境区域化、流域化治理理念的不断深化，传统清洁生产审核模式已难以对区域、园区等空间尺度的生产全链条进行评估，无法提出整体的清洁生产优化方案，不能充分发挥清洁生产审核效能。因此，《“十四五”全国清洁生产推行方案》提出要鼓励各地探索推行企业清洁生产审核分级管理模式，对高耗能、高耗水、高排放的企业以及生产、使用、排放涉及优先控制化学品名录中所列化学物质的企业严格实施清洁生产审核，对其他企业可适当简化审核工作程序。鼓励企业开展自愿性清洁生产评价认证，对通过评价认证且满足清洁生产审核要求的，视同已开展清洁生产审核。积极推动清洁生产审核与节能审查、节能监察、环境影响评价和排污许可等管理制度有效衔接。鼓励有条件的地区开展行业、园区和产业集群整体审核试点。研究将碳排放指标纳入清洁生产审核。

② 2022 年 4 月 29 日，生态环境部与国家发展改革委印发了《关于推荐清洁生产审核创新试点项目的通知》（环办科财函〔2022〕178 号），2022 年 12 月 13 日，生态环境部与国家发展改革委印发了《关于同意实施第一批清洁生产审核创新试点项目的通知》（环办科财函〔2022〕467 号），同时，在第一批试点项目基础上，2023 年 3 月 3 日，生态环境部与国家发展改革委印发了《关于推荐第二批清洁生产审核创新试点项目的通知》（环办科财函〔2023〕79 号），主要针对第一批尚未覆盖的重点行业、园区类型以及重点区域流域协同审核等方面征集第二批试点项目，力争实现全行业、全领域、多层次覆盖。通过清洁生产审核模式创新，有效提升清洁生产审核效能，减轻企业负担，发挥制度效力，增强全社会推行清洁生产的自觉性和积极性。2023 年 7 月 31 日，《关于同意实施第二批清洁生产审核创新试点项目的通知》（环办科财函〔2023〕261 号）印发。

五、清洁生产审核方法学基础

（一）概念

清洁生产审核是清洁生产的一种方法学工具。根据联合国环境规划署给出的定义，清洁生产审核是一种从对环境以及工业生产过程的影响角度出发，分析识别出资源能源利用效率低、废弃物管理水平差的环节的方法。这一方法是围绕对企业及其生产过程进行全面评估，从而找出可以降低资源能源消耗、有毒有害物质的使用以及废物产生的环节和部位。

2004 年 10 月 1 日我国开始实施《清洁生产审核暂行办法》，2016 年 7 月 1 日又修订实施了《清洁生产审核办法》，其中对清洁生产审核给出了如下定义：

清洁生产审核是指按照一定程序，对生产和服务过程进行调查和诊断，找出能耗高、物耗高、污染重的原因，提出降低能耗、物耗、废弃物产生以及减少有毒有害物料的使用、产生和废弃物资源化利用的方案，进而选定并实施技术经济及环境可行的清洁生产方案的过程。

具体来说，清洁生产审核是借助物质流分析和能量流分析等技术手段，通过建立物料平衡、水平衡、能量平衡或污染因子分析，摸清物质流、能量流、废物流等流动方向、方式和数量，对企业从原辅材料和能源、产品、技术工艺、设备、过程控制、管理、员工等八个方面进行系统的分析，深入分析物料损耗、能量损失、废物产生的原因，结合国内外先进水平，系统、全面又突出重点地进行分析，找出存在的差距和问题，制订解决存在问题的清洁生产方案，通过实施可行的清洁生产方案，最终达到节能、降耗、减污、增效的目的。

清洁生产审核方法学适用于第一、第二和第三产业。本手册以制造加工生产型企业为应用对象，系统介绍清洁生产审核方法与程序，第一产业、第三产业的清洁生产审核可参考本手册。

（二）思路

开展清洁生产审核，是为了找出能耗高、物耗高、污染重等问题，并分析问题产生的原因，从而提出切实可行的方案，并对这些问题予以解决。

清洁生产审核的总体思路是：判明问题发生的部位，分析问题的产生原因，提出方案解决问题（见图 1）。

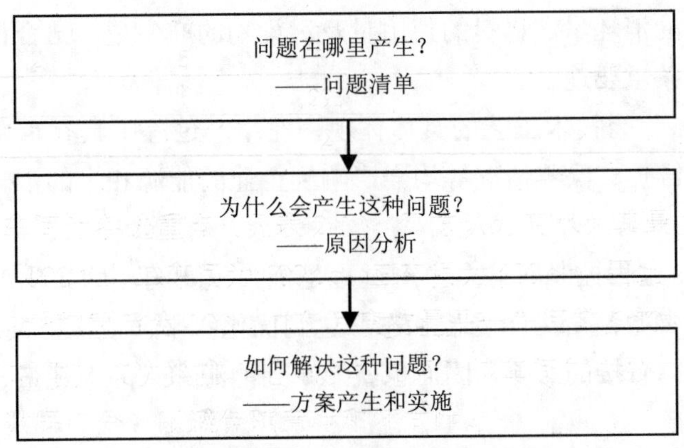

图 1 清洁生产审核思路框图

（1）问题在哪里产生？通过现场调查、物质流分析、能量流分析等找出问题的产生部位并加以量化，这里的“问题”统指企业能耗高、物耗高、污染重、使用或产生排放有毒有害物质的问题。

（2）为什么会产生问题？一个生产过程一般可以用图 2 简单地表示出来。

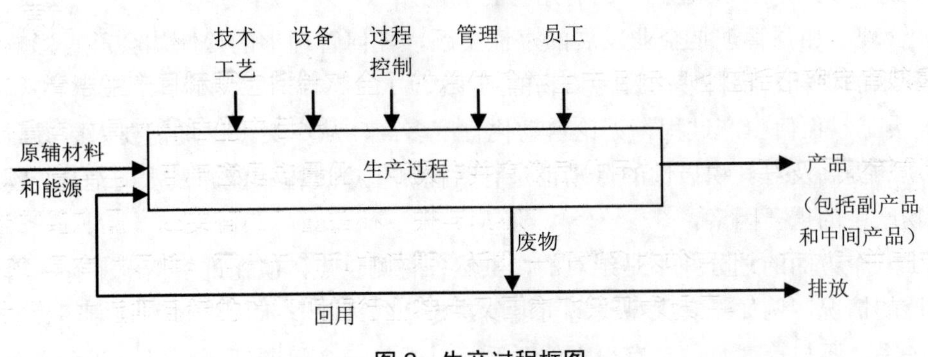

图 2 生产过程框图

从上述生产过程的简图可以看出，对问题的产生原因分析主要针对八个方面进行：

① 原辅材料和能源。原材料和辅助材料本身所具有的特性，例如毒性、难降解性等，在一定程度上决定了产品及其生产过程对环境的危害程度，因而选择对环境无害的原辅

材料是清洁生产所要考虑的重要方面。同样，作为动力基础的能源，也是每个企业所必需的，有些能源（例如煤、油等的燃烧）在使用过程中直接产生污染物，而有些则间接产生污染物（例如一般电的使用本身不产生污染物，但火电、水电和核电的生产过程均会产生一定的污染物），因而节约能源、使用可再生能源和清洁能源也将有利于减少污染物的产生。

② 技术工艺。生产过程的技术工艺水平基本上决定了能源消耗量、物料使用量、水的消耗及污染物的产生量和状态，先进而有效的技术可以提高原材料和能源的利用效率，从而减少能源和水的消耗量、物料的使用量及污染物的产生量。结合技术改造预防污染是实现清洁生产的一条重要途径。

③ 设备。设备作为技术工艺的具体体现，在生产过程中具有重要作用，设备的适用性、能耗水平及其维护、保养情况等均会影响到企业的能源和水的消耗、物料的使用及污染物的产生。

④ 过程控制。过程控制对许多生产过程是极为重要的，例如化工、炼油及其他类似的生产过程，反应参数是否处于受控状态并达到优化水平（或工艺要求），对产品的得率和优质品的得率具有直接的影响，因而也就影响到能源和水的消耗量、物料使用量及污染物产生量。

⑤ 产品。产品的要求决定了生产过程，产品性能、种类和结构等条件的变化往往要求生产过程作出相应的改变和调整，因而也会影响到能源和水的消耗、物料使用及污染物的产生。另外产品的包装、体积等也会对生产过程及其废物的产生造成影响。因此，产品的生态设计对于企业清洁生产水平也起着举足轻重的作用。

⑥ 废物。废物本身所具有的特性和所处的状态直接关系到它是否可现场回用和循环使用，同时影响到末端治理的难度和处理成本。“废物”只有当其离开生产过程时才称其为废弃物，否则仍为生产过程中的有用材料和物质。

⑦ 管理。加强管理是企业发展的永恒主题，任何管理上的松懈均会严重影响到企业的能源和水的消耗、物料使用及污染物的产生。

⑧ 员工。任何生产过程，无论自动化程度多高，从广义上讲均需要人的参与，因而员工素质的提高及对其积极性的激励也是有效控制生产过程和能源及水的消耗、物料使用及污染物产生的重要因素。

以上八个方面的划分并不是绝对的，虽然各有侧重点，但在许多情况下存在着相互交叉和渗透的情况，例如一套大型设备可能就决定了技术工艺水平；过程控制不仅与仪器、仪表有关系，还与管理及员工有很大的联系。对于每一个问题都要从以上八个方面进行原因分析，这并不是说每个问题都存在八个方面的原因，可能是其中的一个或几个。从八个方面系统分析的唯一目的就是为了不漏过任何一个清洁生产机会。

（3）如何解决这些问题？针对每一个问题产生原因，设计相应的清洁生产方案，包括投入较低甚至没有投入的方案（无/低费清洁生产方案）和投入较高的方案（中/高费清洁生产方案）。解决问题的清洁生产方案可以是一个、几个甚至几十个，通过实施这些清洁生产方案来消除这些问题，从而达到从根本上解决问题的目的。

（三）程序

根据上述清洁生产审核的思路，整个审核过程可分解为具有可操作性的 7 个阶段（见图 3）。

阶段 1：筹划和组织（审核准备）。主要是进行宣传、发动和准备工作。

阶段 2：预评估（预审核）。主要是对企业进行全面调研分析，评价企业清洁生产潜力，确定审核重点并设置清洁生产目标。

阶段 3：评估（审核）。主要是借助物料平衡、能量平衡等手段进行审核重点的物质流、能量流等分析，发现生产过程中能源效率低、物料流失严重的环节，并进行原因分析。

阶段 4：方案产生和筛选（方案的产生和筛选）。主要是针对问题产生原因，制订相应的方案并对方案进行筛选。

阶段 5：可行性分析（方案的确定）。主要是对阶段 4 筛选出的中/高费清洁生产方案进行可行性分析，从而确定出可推荐实施的中/高费清洁生产方案。

阶段 6：方案实施（方案的实施）。实施方案并分析、跟踪验证方案的实施效果。

阶段 7：持续清洁生产（持续清洁生产）。制定计划、措施在企业中持续推行清洁生产，最后编制企业清洁生产审核报告。

（四）特点

进行企业清洁生产审核是推行清洁生产的一项重要措施，它从一个企业的角度出发，通过一套完整的程序来达到预防污染的目的，具备如下特点：

（1）具备鲜明的目的性　清洁生产审核特别强调节能、降耗、减污、增效，并与现代企业的管理要求相一致，具有鲜明的目的性。

（2）具有系统性　清洁生产审核以生产过程为主体，考虑对其产生影响的各个方面，从原材料投入到产品改进，从技术革新到加强管理等，设计了一套发现问题、解决问题、持续实施的系统而完整的方法学。

（3）突出预防性　清洁生产审核的目标就是减少废物的产生，从源头削减污染，从而达到预防污染的目的，这个思想贯穿在整个审核过程的始终。

（4）符合经济性　污染物一经产生需要花费很高的代价去收集、处理和处置它，使其无害化，这也就是末端处理费用往往许多企业难以承担的原因，而清洁生产审核倡导在污染物产生之前就予以削减，不仅可减轻末端处理的负担，同时污染物在其成为污染物之前就是有用的原材料，减少了产生就相当于增加了产品的产量和生产效率。事实上，国内外许多经过清洁生产审核的企业都证明了清洁生产审核可以给企业带来经济效益。

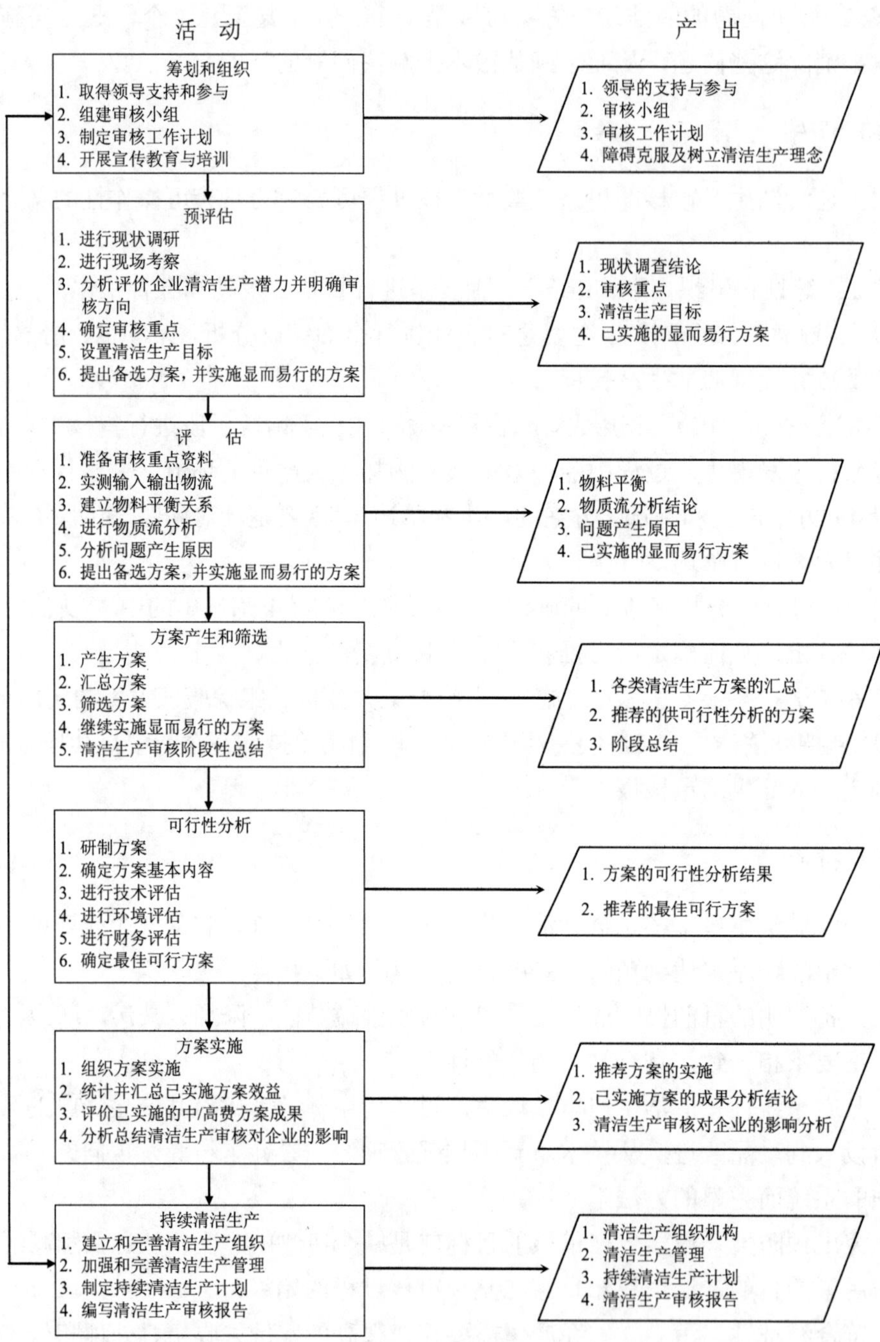

图 3 清洁生产审核工作程序图

（5）强调持续性　清洁生产审核十分强调持续性，无论是审核重点的选择还是方案的滚动实施均体现了从点到面、逐步改善的持续性原则。

（6）注重可操作性　清洁生产审核的每一个步骤均能与企业的实际情况相结合，在审核程序上是规范的，即不漏过任何一个清洁生产机会，而在方案实施上则是灵活的，即当企业的经济条件有限时，可先实施一些无/低费方案，以积累资金，逐步实施中/高费方案。

（五）操作要点

企业清洁生产审核是一项系统而细致的工作，在整个审核过程中应注重充分发动全体员工的参与积极性，解放思想、克服障碍、严格按审核程序实施，以取得清洁生产的实际成效并巩固下来。

（1）充分发动群众献计献策；

（2）贯彻边审核、边实施、边见效的方针，在审核的每个阶段都应注重实施可行的清洁生产方案，成熟一个实施一个；

（3）对已实施的方案要进行核查和评估，并纳入企业的管理体系，以巩固成果；

（4）对审核结论，要以定量数据为依据；

（5）在第 4 阶段方案产生和筛选完成后，要编写清洁生产审核阶段性总结，对前阶段的重点工作进行梳理，从而发现问题，找出差距，以便在后期工作中进行改进；

（6）在审核结束前，对筛选出来还未实施的可行方案，应制订详细的实施计划，并建立持续清洁生产机制，最终编制完整的清洁生产审核报告。

第 1 章　筹划和组织

筹划和组织是企业进行清洁生产审核工作的第一个阶段，目的是通过宣传教育使企业的领导和职工对清洁生产有一个初步的、比较正确的认识，消除思想上和观念上的障碍；了解企业清洁生产审核的工作内容、要求及其工作程序；并做好充分的准备。

本阶段工作的重点是取得企业高层领导的支持和参与，组建清洁生产审核小组，制定审核工作计划和开展宣传教育与培训。

1.1　取得领导支持和参与

企业高层领导的支持与参与是企业顺利开展清洁生产审核工作的基础，同时也是企业通过清洁生产审核最终取得实效的关键。清洁生产遵循的是全过程控制的污染预防原则，决定了清洁生产审核是一件综合性很强的工作，涉及企业的各个部门，而且随着审核工作阶段的变化，参与审核工作的部门和人员可能也会变化。因此，只有取得企业高层领导的支持和参与，由高层领导动员并协调企业各个部门和全体职工积极参与，审核工作才能顺利进行。高层领导的支持和参与还是审核过程中提出的可行的清洁生产方案得以实施进而切实获得环境、经济和社会效益的关键。

为取得高层领导的支持和参与，必须要使高层领导对清洁生产思想和概念有正确的认识，充分了解清洁生产审核工作相关的投入及效益，并对国家清洁生产的政策法规要求和激励政策有初步了解。

1.1.1　宣讲清洁生产思想与效益

清洁生产区别于传统的环境管理手段，其最大的优势在于能够给企业带来环境、经济、社会多种效益。了解清洁生产可能给企业带来的巨大好处是企业高层领导支持和参与清洁生产审核的内在动力和重要前提。

“节能、降耗、减污、增效”突出体现了清洁生产给企业带来的各项经济效益。通过清洁生产，企业可以：

（1）提高设备运行效率、原辅材料和能源及水的利用率及产品产量和质量，使企业在节能、降耗两方面获得综合经济效益；

（2）减少废物产生量、提高废物现场回收利用效率、降低废物的处理成本及污染排放费用等，使企业在减污方面获得综合经济效益；

（3）有效帮助企业实现污染物浓度与污染物总量稳定达标等相关环境管理要求；

（4）有效加强企业现场管理、生产管理和环境管理水平，提高工人操作水平和员工素质，改善生产车间的工作环境，有助于提升企业环境、健康与安全的整体管理水平；

（5）通过清洁生产技术的应用，切实推动企业技术改造与进步，提升企业清洁生产技术水平；

（6）有效提高企业环境与社会形象，满足国家、社会及国际上对于企业在社会责任方面的新要求，有助于企业成为国家倡导创建的“资源节约型”和“环境友好型”企业。

1.1.2　宣讲清洁生产政策、法规

企业高层领导必须充分了解国家和地方对于清洁生产的有关法律、法规和政策要求及鼓励机制等。

（1）明确企业是实施清洁生产的主体，开展清洁生产是企业的法律义务与责任；

（2）明确清洁生产审核是工业企业实施清洁生产的主要手段；

（3）了解国家鼓励企业实施清洁生产的相关激励政策；

（4）明确企业应承担的社会责任，充分了解清洁生产可解决企业生产与环境之间的不和谐关系，有助于实现企业可持续发展。

1.1.3　阐明投入

清洁生产审核需要企业的一定投入，包括：管理人员、技术人员和操作工人必要的时间投入，监测设备和监测费用的必要投入，编制审核报告的相关投入，可能的聘请外部专家和咨询服务机构的费用以及实施清洁生产方案的投资费用等，这些是企业高层领导在清洁生产审核工作启动之初必须要认识到并且做出承诺予以支持的，因为与清洁生产审核能够带来的效益相比，这些投入是必不可少也是值得的。

1.2　组建审核小组

计划开展清洁生产审核的企业，首先要在本企业内组建一个有权威的审核小组，这是顺利实施企业清洁生产审核的组织保证。企业可根据自身规模和管理要求，成立一个清洁生产审核小组，或者同时成立清洁生产审核领导小组和清洁生产审核工作小组。

1.2.1　推选组长

审核小组组长是审核小组的核心，一般情况下，最好由企业高层领导人兼任组长，或由企业高层领导任命一位具有如下条件的人员担任，并授予必要权限。

组长的条件是：

（1）熟悉企业的生产、工艺、管理与技术全面情况；

（2）了解污染防治的原则，并熟悉有关的环保法规和政策要求；

（3）了解审核工作程序，熟悉审核小组成员情况并掌握审核工作进程；

（4）具备领导和组织工作的才能并善于和其他部门沟通合作等。

1.2.2 选择成员

审核小组的成员数目根据企业的实际情况来定，一般情况下由 3～5 个全时制成员组成。小组成员组成要求尽可能全面，可考虑从企业生产、管理、环保、技术、设备与动力、安全、采购、销售和财务等清洁生产有关的部门和重点生产车间选取。小组成员需要至少满足以下条件并具有良好的沟通和宣传、组织工作能力和经验：

（1）具备企业清洁生产审核的知识或工作经验；

（2）掌握企业的生产、工艺、管理等方面的情况及新技术信息；

（3）熟悉企业的废物产生、治理和管理情况以及国家和地方环保法规和政策等；

（4）必须有一位成员来自本企业的财务部门（该成员不一定全时制投入审核，但要了解审核的全部过程，不宜中途换人），熟练掌握成本核算和财务分析的基本技能。

如有必要，审核小组的成员在确定审核重点的前后可进行及时调整。

1.2.3 明确任务

审核小组的任务包括：

（1）制定工作计划；

（2）开展宣传教育；

（3）组织开展预评估有关工作；

（4）确定审核重点和目标；

（5）组织开展评估有关工作；

（6）筛选与论证清洁生产方案；

（7）汇总清洁生产方案实施情况并核定实施效果；

（8）编写审核报告；

（9）总结经验，并提出持续清洁生产的建议。

来自企业财务部门的审核成员，应该介入审核过程中一切与财务计算有关的活动，包括对初步可行的中高费方案进行财务分析，准确统计并核算企业清洁生产审核方案的投入和收益，并将其详细地单独列账。

不具备内部自行开展清洁生产审核要求的企业，可以聘请外部专家给予技术支持。外部专家至少包括清洁生产审核方法学专家和行业专家两方面人员。清洁生产审核方法学专家应从如何开展清洁生产审核及如何解决审核中的关键技术难点给予技术指导；行业专家应从企业的技术工艺水平、设备运行状况、原辅材料和能源消耗状况、主要污染物产生与排放情况等行业专业角度提出意见与建议。同时，根据企业需要，还可聘请能源专家和环保专家，对企业的用能问题和环保问题给予技术指导。

如果审核工作有外部专家的帮助和指导，本企业的审核小组还应负责与外部专家的联络与咨询，以企业自身为主体，充分研究并尽量吸收对企业可行且有价值的意见与建议。

审核小组成员职责与投入时间等应列表说明（见附录二中工作表 1-1），表中需要列出审核小组成员的姓名、审核小组职务、来自部门及职务职称专业、职责、应投入的时间等。

1.3　制定审核工作计划

制定一个比较详细的清洁生产审核工作计划，有助于审核工作按一定的程序和步骤进行，组织好人力与物力，各司其职、协调配合，审核工作才会获得满意的效果，企业的清洁生产目标才能逐步实现。

审核小组成立后，要及时编制审核工作计划表（见附录二中工作表 1-2），该表应包括审核过程的所有主要工作，包括这些工作的阶段、工作内容、完成时间、责任部门及负责人、监督考核部门及人员、产出等。

在制定工作计划时，应特别关注时间的选取，主要包括：

（1）时间点的选取。每一阶段所选取的时间点应与企业年初制定的年度工作计划相匹配，以保证每一阶段工作均能落到实处；

（2）每一阶段工作时间长短的选取应在正常完成时间外预留一定的时间，以确保企业在生产发生波动的情况下，也能够按时完成审核工作内容。

1.4　开展宣传教育与培训

广泛开展宣传教育活动，争取企业内各部门和广大职工的支持，现场操作工人的积极参与尤其重要，是清洁生产审核工作顺利进行和取得更大成效的必要条件。

1.4.1　宣传教育的方式和内容

高层领导的支持和参与固然十分重要，没有中层干部和操作工人的实施，清洁生产审核仍很难取得重大成果。只有当全厂上下都将清洁生产思想自觉地转化为指导本岗位生产操作实践的行动时，清洁生产审核才能顺利持久地开展下去。也只有这样，清洁生产审核才能给企业带来更大的经济和环境效益、推动企业技术进步、更大程度地支持企业高层领导的管理工作。

清洁生产思想与审核工作的宣传可采用下列方式：

（1）企业现行各种例会；

（2）下达开展清洁生产审核的正式文件；
（3）内部广播、电视、录像、网络沟通、信息平台、电视会议；
（4）黑板报；
（5）组织报告会、研讨班、培训班；
（6）开展各种咨询等。
宣传教育内容可包括：
（1）清洁生产以及清洁生产审核的基本概念与内容；
（2）行业清洁生产现状、清洁生产技术及管理要求；
（3）国内外企业清洁生产审核的成功实例；
（4）本企业鼓励清洁生产审核的各种措施；
（5）本企业开展清洁生产审核工作的内容与要求；
（6）本企业的清洁生产潜力分析；
（7）本企业各部门已取得的审核效果与具体做法等。
宣传教育的内容要随审核工作阶段的变化作相应调整。

1.4.2 清洁生产审核培训

清洁生产审核的主体是企业，因此企业有关的管理和技术人员在了解清洁生产的概念及其效果的基础上，还必须详细掌握清洁生产审核的方法、程序和具体要求等。因此，除了对全体员工广泛的宣传培训外，还需要对企业各职能部门和生产车间的主要管理和技术人员尤其是清洁生产审核小组成员进行清洁生产审核的专业技术培训。此类培训需要 2～3 天时间，应聘请清洁生产理论扎实、清洁生产审核实践经验丰富的清洁生产审核方法学专家授课。培训内容包括：
（1）清洁生产的有关政策、法规和激励措施；
（2）清洁生产审核程序及方法；
（3）清洁生产审核中各关键技术环节的实施要点等。

1.4.3 克服障碍

企业开展清洁生产审核往往会遇到不少障碍，不克服这些障碍则很难达到企业清洁生产审核的预期目标。各个企业可能有不同的障碍，首先需要调查摸清，便于进行工作。一般有四种类型的障碍，即思想观念障碍、技术障碍、资金和物资障碍以及政策法规障碍。四者中思想观念障碍是最常遇到的，也是最主要的障碍。审核小组在审核过程中要自始至终地及时发现不利于清洁生产审核的思想观念障碍，并尽早解决这些障碍。

表 1-1 列出企业清洁生产审核中常见的一些障碍及解决办法。

表 1-1　企业清洁生产审核常见障碍及解决办法

障碍类型	障碍表现	解决办法
思想观念障碍	1. 清洁生产审核无非是过去环保管理办法的老调重弹	强调清洁生产理念中污染预防的本质，讲透清洁生产与传统的末端治理、八项管理制度、污染物排放总量控制之间的关系
	2. 中国的企业真有清洁生产潜力吗	用事实说明中国大部分企业的巨大清洁生产潜力、国家倡导创建“资源节约型”和“环境友好型”的两型企业
	3. 没有资金、不更新设备，一切都是空谈	用国内外实例讲明无/低费方案巨大而现实的经济与环境效益，阐明无/低费方案与设备更新方案的关系，强调企业清洁生产审核的核心思想是“从我做起、从现在做起”
	4. 清洁生产审核工作比较复杂，是否影响生产	讲清审核的工作量和可能带来的各种效益之间的关系，明确清洁生产审核本身与企业的日常生产和管理是息息相关的
	5. 企业内各部门独立性强，协调困难	由高层领导直接参与，由各主要部门领导与技术骨干组成审核小组，授予审核小组相应职权
技术障碍	1. 缺乏清洁生产审核技能	聘请并充分向外部清洁生产审核专家咨询、参加培训班、学习有关资料等
	2. 不了解清洁生产工艺	聘请并充分向外部清洁生产工艺专家咨询跟踪国家和地方发布的本行业清洁生产技术
资金物资障碍	1. 没有进行清洁生产审核的资金	企业内部挖潜，与当地环保、工信、发改等部门协调解决部分资金问题，先筹集审核所需资金，再由审核效益中拨还
	2. 缺乏实施清洁生产方案的资金	
	3. 缺乏物料平衡现场实测的计量设备	积极向企业高层领导汇报，解决必需的计量设备问题；或委托有资质的单位进行监测
	4. 缺乏资金实施需较大投资的清洁生产技术	由无/低费方案的效益中积累资金（企业财务要为清洁生产的投入和效益专门建账）；申请中央和地方财政清洁生产专项资金及其他优惠政策
政策法规障碍	对我国清洁生产有关政策法规要求和鼓励政策不了解	1. 聘请资深的清洁生产政策专家讲解我国清洁生产有关政策，充分了解和掌握清洁生产的政策要求和鼓励政策；2. 指定专人负责，随时收集并跟踪国家和地方的清洁生产政策动向与最新要求

第 2 章　预评估

预评估是清洁生产审核的第二阶段，目的是对企业全貌进行调查分析，摸清企业能耗高、物耗高的环节和产污重点，分析和发现清洁生产的潜力和机会，从而确定本轮审核的重点和目标。

本阶段工作重点是对企业进行全面的现状调研和现场考察，分析评价企业清洁生产潜力，明确审核方向，确定审核重点并设置清洁生产目标。

2.1　进行现状调研

本阶段搜集的资料，是全厂的和宏观的，主要内容有如下几个方面。

2.1.1　企业概况

（1）企业发展简史、规模、产值、利税、组织结构人员状况和发展规划等。

（2）企业各功能区的平面布置图，能源和水的计量网络图等。

根据本轮清洁生产审核要求，也可搜集满足审核要求的企业所在地的地理、地质、水文等基本情况。

2.1.2　企业生产状况

（1）企业主要原辅料、主要产品、能源及用水情况，要求以表格形式，列出总耗及单耗，并列出主要车间或分厂的情况。为便于进行数据变化趋势分析，寻找清洁生产潜力，原则上需要收集近 3 年的生产数据，作为数据分析基础。

（2）企业的主要工艺流程。以框图表示主要工艺流程，要求标出主要原辅料、水、能源及废物的流入、流出和去向。

（3）企业设备水平及维护状况，如设备规格型号及技术水平、设备能耗水平、设备运行状况和维修记录等（完好率，泄漏率）等。

（4）产业政策合规性文件资料。

2.1.3　企业环境保护状况

（1）主要污染源及其污染物产生和排放情况，包括状态、数量、毒性等。

（2）主要污染源的治理现状，包括处理方法、效果、问题及单位废物的年处理费等。

（3）主要产排污节点图。

（4）“三废”的循环/综合利用情况，包括方法、效果、效益以及存在的问题。

（5）企业涉及的有关环保法规与标准要求的合规情况文件资料。

2.1.4 企业管理状况

包括从原料采购和库存、生产及操作、直到产品出厂的全面管理制度，如质量管理制度、环境管理制度、能源管理制度、现场操作管理制度等。

2.2 进行现场考察

进行现场考察的目的是对前期现状调研中所获取的资料信息进行现场验证和补充完善。随着生产的发展，一些工艺流程、装置和管线可能已做过多次调整和更新，这些可能无法在图纸、说明书、设备清单及有关手册上反映出来。此外，实际生产操作和工艺参数控制等往往和原始设计及规程不同。因此，需要进行现场考察，以便对现状调研的结果加以核实和修正，并发现生产中的问题。同时，通过现场考察，在全厂范围内发现明显的清洁生产方案。

2.2.1 现场考察内容

（1）参照工艺流程图，按照工艺流程的顺序，对整个生产过程进行实际考察，即从原料开始，逐一考察原料库、生产车间、成品库、直到动力设施和“三废”处理设施。

（2）重点考察各产污排污环节，水耗和（或）能耗大的环节，设备事故多发的环节或部位。

（3）实际生产管理状况，如岗位责任制执行情况，工人技术水平及实际操作状况，车间技术人员及工人的清洁生产意识等。

2.2.2 现场考察方法

（1）核查分析有关设计资料和图纸，工艺流程图及其说明，计量网络图及计量用具配置，物料衡算、能（热）量衡算的情况，设备与管线的选型与布置和运行状况等；另外，还要查阅岗位记录、生产报表（月平均及年平均统计报表）、原料及成品库存记录、废物报表、监测报表等。

（2）与工人和工程技术人员交流或座谈，了解并核查实际的生产与排污情况，听取意见和建议，发现关键问题和部位，寻找问题原因，同时，征集显而易见的方案。

2.3 分析评价企业清洁生产潜力并明确审核方向

依据本行业清洁生产标准、评价指标体系或对比分析国内外同类企业物耗、能耗和产污排污等状况，对本企业的清洁生产潜力进行全面分析与评价，明确企业清洁生产审核方向。

2.3.1 全面了解并掌握企业清洁生产现状

通过汇总、分析现状调研和现场考察期间收集整理的企业相关资料和数据，从以下六个方面全面了解并掌握企业清洁生产现状。

（1）生产工艺与装备状况；

（2）资源能源利用状况，主要分析企业资源与能源消耗情况。涉及使用有毒、有害物质的企业着重分析原辅材料尤其是有毒有害原辅材料的选择、消耗等情况；构成高耗能的企业着重分析各种能源品种的用量、能耗指标、新鲜水用量等情况；

（3）污染物产生和排放状况；

（4）废物回收利用状况；

（5）产品原辅料构成和产品质量管理状况；

（6）环境管理与能源管理状况。

2.3.2 分析评价企业清洁生产水平

在资料调研、现场考察及专家咨询的基础上，结合企业涉及的能源、水资源及环境标准，并参照本行业清洁生产评价指标体系，与本企业的清洁生产水平各项指标相对照，进行对标分析及评估，并列表说明。如果没有本行业清洁生产标准或评价指标体系，可收集、汇总国内外同类工艺、同等装备、同类产品企业的生产、消耗、产污排污和管理水平，或参照本企业历史最好水平，综合对比和评价企业现有清洁生产水平。

从影响生产过程的八个方面出发，对原辅材料使用、产污排污及能源消耗的理论值与实际状况之间的差距进行初步分析，并评价在现状条件下，企业的原辅材料使用状况、产污排污状况及能源消耗状况是否合理。

2.3.3 作出清洁生产潜力分析结论

在上述工作的基础上，对企业在技术工艺与装备、资源能源利用效率、产污排污水平、废物回收与综合利用、产品、人员素质与管理等方面的清洁生产潜力作出分析结论。

2.3.4 明确审核总体方向及审核主线

根据企业现状评估结果及清洁生产潜力分析结果，结合国家法规政策要求，企业发展、生存需求，理清并掌握企业清洁生产机会与潜力的总体状况，明确全厂本轮审核的总体方向、思路和审核主线，提出企业本次审核拟解决的主要问题。本轮审核需要始终遵循所确定的审核方向与主线，紧密围绕拟解决的主要问题开展后续工作。

2.4　确定审核重点

通过前面三步的工作，已基本探明了企业现存的问题及薄弱环节，可从中确定出本轮审核的重点。审核重点的确定，应结合企业的实际情况及企业的清洁生产总体方向和审核主线进行综合考虑。

本节内容主要适用于工艺复杂的大中型企业，对工艺简单、产品单一的中小企业，可不必经过备选审核重点阶段，直接确定审核重点。

2.4.1　提出备选审核重点

首先根据所获得的信息，列出企业主要的清洁生产潜力点，从中选出若干问题或环节作为备选审核重点。

备选审核重点应符合企业的实际，可以为某一分厂、某一车间、某个工段、某个操作单元，也可以是某一种物质（原料、污染物）、某一种资源如水、某一种能源如蒸气、电等。根据调研结果，通盘考虑企业的财力、物力和人力等实际条件，选出若干对象作为备选审核重点。

原则上，污染严重的环节或部位；资源或能源消耗量大的环节或部位；环境及公众压力大的环节或问题；有明显的清洁生产机会环节或部位应优先考虑作为备选审核重点。

方法上，将所收集的数据，进行整理、汇总和换算，并列表说明，以便为后续步骤“确定审核重点”服务。填写数据时，应注意：消耗及废物量应以各备选重点的月或年的总发生量统计；能耗一栏根据企业实际情况调整，可以是标煤、电、油等能源形式。

表 2-1 为某厂的备选审核重点情况的填表举例。

表 2-1　某厂备选审核重点情况汇总表

序号	备选审核重点名称	废物量/（t/a）		主要消耗							环保费/（万元/a）					
				原料消耗		水耗		能耗		小计/（万元/a）	厂内末端治理费	厂外处理处置费	排污费	罚款	其他	小计
		废水	固废	总量/（t/a）	费用/（万元/a）	总量/（万 t/a）	费用/（万元/a）	标煤总量/（t/a）	费用/（万元/a）							
1	一车间	1 000	6	1 000	30	10	20	500	60	110	40	20	60	15	5	140
2	二车间	600	2	2 000	50	25	50	1 500	180	280	20	0	40	0	0	60
3	三车间	400	0.2	800	40	20	40	750	90	170	5	0	10	0	0	15

注：本表是假设工业用水以 2 元/t，标煤换算后以 1 200 元/t 计算。

2.4.2 确定审核重点

采用一定方法，把备选审核重点排序，从中确定本轮审核的重点。同时，也为今后的清洁生产审核提供优选名单。本轮审核重点的数量取决于企业的实际情况，一般一次选择一个审核重点，必要时，也可以选取两个以上的审核重点。

方法：

（1）简单比较。根据各备选重点的废物排放量和毒性及资源能源消耗等情况，进行对比、分析和讨论，通常污染最严重、消耗最大、清洁生产机会最显明的部位定为第一轮审核重点。

（2）权重总和计分排序法。工艺复杂，产品品种和原材料多样的企业，往往难以通过定性比较确定出重点。此外，简单比较一般只能提供本轮审核的重点，难以为今后的清洁生产提供足够的依据。为提高决策的科学性和客观性，采用半定量方法进行分析。

根据我国清洁生产的实践及专家讨论结果，在筛选审核重点时，通常考虑下述几个因素，对各因素的重要程度，即权重值（W），可参照以下数值：

- 废物量 W=10
- 主要消耗 W=7～9
- 环保费用 W=7～9
- 废物毒性 W=7～9
- 市场发展潜力 W=4～6
- 车间积极性 W=1～3

注：① 上述权重值仅为一个范围，实际审核时每个因素必须确定一个具体数值，一旦确定，在整个审核过程中不得改动。

② 可根据企业实际情况增加废物毒性因素、主要能耗、水耗等因素，并根据其对企业清洁生产水平的影响程度设定相应的权重值。

③ 统计废物量时，应选取企业最主要的污染物形式，而不是把废水、废气、固体废物累计起来。

④ 除表 2-1 所列三种污染消耗形式外，可根据实际增补如 COD、SO_2 浓度或总量等项目。

审核小组或有关专家，根据收集的信息，结合有关节能环保要求及企业发展规划，对每个备选重点，就上述各因素，按备选审核重点情况汇总表（见表 2-1）提供的数据或信息打分，分值（R）从 1 至 10，以最高者为满分（10 分）。将打分与权重值相乘（$R \times W$），并求所有乘积之和（$\sum R \times W$），即为该备选重点总得分，再按总分排序，最高者即为本次审核重点，余者类推（见表 2-2）。

表 2-2　某厂权重总和计分排序法确定审核重点表

因素	权重值 W（1～10）	备选审核重点得分					
		一车间		二车间		三车间	
		R（1～10）	$R\times W$	R（1～10）	$R\times W$	R（1～10）	$R\times W$
废物量	10	10	100	6	60	4	40
主要消耗	9	5	45	10	90	8	72
环保费用	8	10	80	4	32	1	8
废物毒性	7	4	28	10	70	5	35
市场发展潜力	5	6	30	10	50	8	40
车间积极性	2	5	10	10	20	7	14
总分 $\Sigma R\times W$			293		322		209
排序			2		1		3

如某厂有三个车间为备选重点（见表 2-1）。厂方认为废水为其最主要污染形式，其数量依次为一车间为 1 000 t/a，二车间为 600 t/a，三车间为 400 t/a。因此，废物量一车间最大，定为满分（10 分），乘权重后为 100；二车间废物量是一车间的 6/10，得分即为 60，三车间则为 40，其余各项得分依次类推，把得分相加即为该车间的总分。打分时应注意：

（1）严格根据数据打分，以避免随意性和倾向性。

（2）没有定量数据的项目，集体讨论后打分。

2.5　设置清洁生产目标

依据企业清洁生产潜力分析，预测清洁生产机会与改进的程度，设置定量化的硬性指标，才能使清洁生产真正落实，并能据此检验与考核，达到通过清洁生产预防污染的目的。

2.5.1　原则

（1）清洁生产目标既包括针对全厂的总体清洁生产目标，也包括在确定审核重点后针对审核重点的具体清洁生产目标；

（2）清洁生产目标应是定量化、可操作并有激励作用的指标。要求不仅有减污、降耗或节能的绝对量，还要有相对量指标，并与现状对照；

（3）具有时限性，要分近期和中远期，近期一般指到本轮审核基本结束并完成审核报告时为止，中远期目标的时限根据行业特点及国家政策要求设置。

2.5.2　依据

（1）根据外部的环境管理要求，如达标排放，限期治理、能耗要求等；

（2）根据本企业历史最好水平；

（3）行业清洁生产评价指标体系相关指标；

（4）参照国内外同行业、类似规模、工艺或技术装备的厂家的水平。

表 2-3 为某制浆造纸企业全厂设置的清洁生产目标，表 2-4 为某制药行业审核重点设置的清洁生产目标。

表 2-3 某制浆造纸企业全厂清洁生产目标一览表

序号	指标类型	项目	现状	近期目标		中远期目标	
				绝对量	相对量	绝对量	相对量
1	资源能源利用指标	取水量/（m^3/Adt①）	33	31.35	−5%	29.8	−9.7%
		综合能耗（外购能源）/（kgce/Adt）	220	209	−5%	198.5	−9.8%
2	污染物产生指标	废水产生量/（m^3/Adt）	17	16.15	−5%	15.3	−10%
		COD_{Cr}产生量/（kg/Adt）	2.162	2.05	−5%	1.95	−9.8%
3	废物回收利用指标	碱回收率/%	95	96	1.1%	97	2.1%
		备料渣（指木屑等）综合利用率/%	97	100	3.1%	100	3.1%

注：① Adt 表示吨风干浆。

表 2-4 某制药企业审核重点清洁生产目标一览表

序号	指标类型		现状	近期目标		中远期目标	
				绝对量	相对量	绝对量	相对量
1	能源	水消耗量/（t/万元产值）	2.461 0	2.214 9	−10.0%	1.845 8	−25.0%
		燃油消耗/（kg/万元产值）	33.3	32.5	−2.5%	31.6	−5.0%
2	原辅料	中药材消耗量/（kg/万元产值）	10.773 0	10.665 3	−1.0%	10.611 4	−1.5%
		乙醇消耗量/（kg/万元产值）	10.939 6	9.845 6	−10.0%	8.751 7	−20.0%
3	废物	废醇产生量/（kg/万元产值）	0.911 7	0.838 8	−8.0%	0.018 2	−98.0%
		废药渣产生量/（kg/万元产值）	11.838 6	10.062 8	−15.0%	9.470 9	−20.0%

2.6 提出备选方案并实施显而易行的方案

预评估过程中，通过资料调研分析，特别是现场考察和座谈，即便不对生产过程作深入分析也能发现许多明显易见的方案，而针对全厂范围内各个环节发现的问题，有相当部分可迅速采取措施即显而易行的方案加以解决。

清洁生产方案通常按照方案实施费用分为无/低费方案和中/高费方案。两类方案的费用划分没有统一标准，可根据行业和企业的实际情况自行划定。一些清洁生产备选方案例如优化工艺过程参数，虽然是无/低费方案，但是涉及生产工艺、设备等多种复杂因素，需要经过细致、严谨的论证和充分筹划才能实施。而另一些方案例如需要淘汰更新的落后设备，虽然是中/高费方案，但属于显而易见且易行的方案，其可行性不需要进一步评估论证，企业可以直接实施。

2.6.1　目的

贯彻清洁生产边审核边实施边见效的原则，及时取得成效，滚动式地推进审核工作。

2.6.2　方法

通过座谈、咨询、资料分析、现场查看、征集清洁生产建议等方式，及时提出备选方案，对于备选的方案应及时实施、及时改进、及时总结。

2.6.3　常见的备选方案

（1）原辅料及能源：

- 采购量与需求相匹配；
- 加强原料质量（如纯度、水分等）的控制；
- 根据生产操作调整包装的大小及形式；

……

（2）技术工艺：

- 改进备料方法；
- 增加捕集装置，减少物料或成品损失；
- 改用易于处理处置的清洗剂；

……

（3）过程控制：

- 选择在最佳配料比下进行生产；
- 增加检测计量仪表；
- 校准检测计量仪表；
- 完善过程控制及在线监控；
- 调整优化反应的参数，如温度、压力等；

……

（4）设备：

- 改进并加强设备定期检查和维护、减少跑、冒、滴、漏；
- 及时修补完善输热、输汽管线的隔热保温；

……

（5）产品：

- 改进包装及其标志或说明；

• 加强库存管理；

……

（6）管理：

• 清扫地面时改用干扫法或拖地法，以取代水冲洗法；

• 减少物料溅落并及时收集；

• 严格岗位责任制及操作规程；

……

（7）废物：

• 冷凝液的循环利用；

• 现场分类收集可回收的物料与废弃物；

• 余热利用；

• 清污分流；

……

（8）员工：

• 加强员工技术与环保意识的培训；

• 采用各种形式的精神与物质激励措施；

……

第3章 评 估

评估是企业清洁生产审核工作的第三阶段。本阶段的目的是借助物料平衡和/或能量平衡等工具，对审核重点的物质流和/或能量流进行全面分析，发现生产过程中物料和/或能源利用效率低，即物料流失、能源损失及废物产生的环节，找出问题形成的原因，为清洁生产方案的产生提供依据。

本手册以审核重点物质流分析为例，详细介绍评估及后续审核工作内容。如果根据企业预评估阶段得出的结论，需要对企业能量流、水等进行分析，则可参考相关专业资料进行能量流分析及能量平衡、水平衡等。

本阶段的工作重点是实测输入输出物流，建立物料平衡，进行物质流分析，发现问题并分析问题产生原因。

3.1 准备审核重点资料

收集审核重点及其相关工序或工段的有关资料，绘制工艺流程图。

3.1.1 收集资料

3.1.1.1 收集基础资料

（1）工艺资料：

- 工艺流程图；
- 工艺设计的物料平衡数据；
- 工艺操作手册和说明；
- 设备技术规范和运行维护记录；
- 管道系统布局图；
- 车间内平面布置图。

（2）原材料和产品及生产管理资料：

- 产品的组成及月、年度产量表；
- 物料消耗统计表；
- 产品和原材料库存记录；

· 原料进厂检验记录；
· 能源消耗统计表和费用；
· 车间成本费用报告；
· 生产进度表。

（3）废物资料：

· 年度废物排放报告；
· 废物（废水、废气、固体废物）分析报告；
· 废物管理、处理和处置费用；
· 排污费；
· 废物处理设施运行和维护费。

（4）国内外同行业资料：

· 国内外同行业单位产品原辅料消耗情况（审核重点）；
· 国内外同行业单位产品排污情况（审核重点）；
· 行业清洁生产标准及评价指标体系。

列表与本企业情况比较。

3.1.1.2 现场调查

补充与验证已有数据。

（1）不同操作周期的取样、化验；

（2）现场提问；

（3）现场考察、记录：

· 追踪所有物流；
· 建立产品、原料、添加剂及废物等物流的记录。

3.1.2 编制审核重点物料输入输出工艺流程图

为了更充分和较全面地对审核重点进行实测和分析，首先应掌握审核重点的工艺过程和输入、输出物流情况。工艺流程图以图解的方式整理、标示工艺过程及进入和排出系统的物料、能源以及废物流的情况。图 3-1 是审核重点物料输入输出工艺流程图。

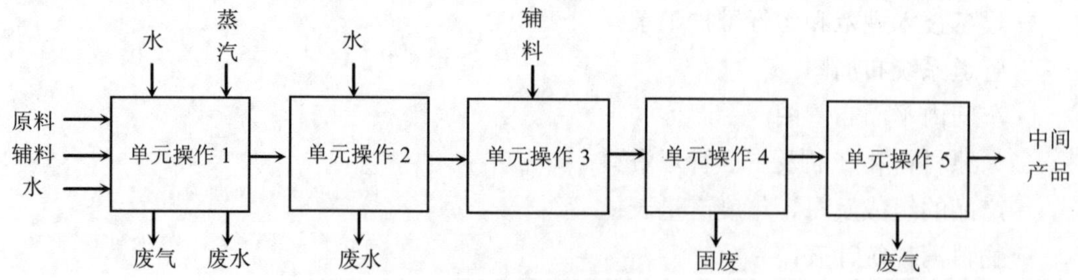

图 3-1 审核重点物料输入输出工艺流程图

3.1.3 编制单元操作工艺流程图和功能说明表

当审核重点包含较多的单元操作，而在审核重点物料输入输出工艺流程图上难以反映各单元操作的具体情况时，应在审核重点物料输入输出工艺流程图的基础上，分别编制各单元操作的工艺流程图（标明进出单元操作各过程的输入、输出物流）和功能说明表。图3-2 为对应图 3-1 单元操作 1 的工艺流程示意图。表 3-1 为某啤酒厂审核重点（酿造车间）各单元操作功能说明表。

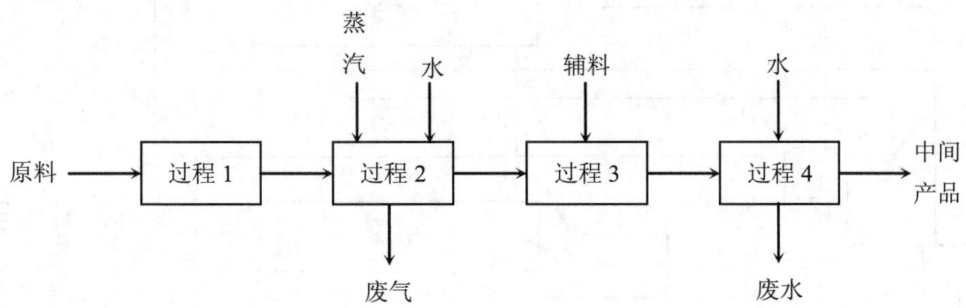

图 3-2 单元操作 1 的详细工艺流程示意图

表 3-1 单元操作功能说明表

单元操作名称	功能简介
粉碎	将原辅料粉碎成粉粒，以利于糖化过程物质分解
糖化	利用麦芽所含酶，将原料中高分子物质分解制成麦汁
麦汁过滤	将糖化醪中原料溶出物质与麦糖分开，得到澄清麦汁
麦汁煮沸	灭菌、灭酶、蒸出多余水分，使麦汁浓缩至要求浓度
旋流澄清	使麦汁静置，分离出热凝固物
冷却	析出冷凝固物，使麦汁吸氧，降到发酵所需温度
麦汁发酵	添加酵母，发酵麦汁成酒液
过滤	去除残存酵母及杂质，得到清亮透明的酒液

注：单元操作是指具有物料的输入、加工和输出功能，完成某一特定工艺过程的一个或多个工序或工艺设备。

3.1.4 编制工艺设备流程图

工艺设备流程图主要是为实测和分析服务。与工艺流程图主要强调工艺过程不同，它强调的是设备和进出设备的物流。设备流程图要求按工艺流程，分别标明重点设备输入、输出物流及监测点。图 3-3 给出一套催化裂化装置工艺设备流程图示例。

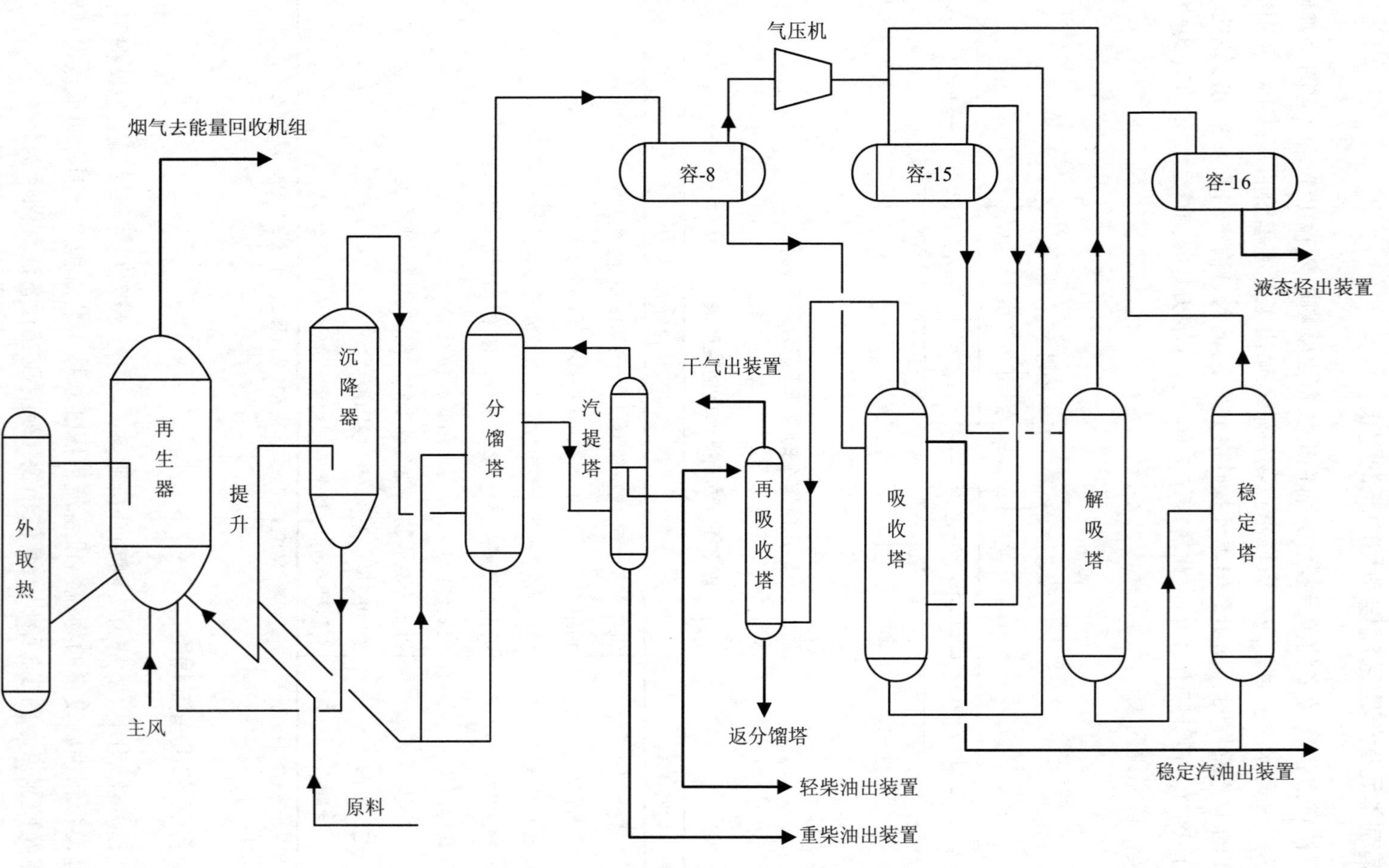

图 3-3 某炼油厂催化裂化装置工艺设备流程图

3.2 实测输入输出物流

为在评估阶段对审核重点做更深入更细致的物料平衡和问题产生原因分析，在现有生产数据的基础上，还需要通过实测全面获得审核重点的输入、输出物流数据。

3.2.1 准备及要求

3.2.1.1 准备工作

（1）制定现场实测计划

·确定监测项目、监测点；

·确定实测时间和周期。

（2）校验监测仪器和计量器具

3.2.1.2 要求

（1）监测项目

应对审核重点全部的输入、输出物流进行实测，包括原料、辅料、水、产品、中间产品及废物等。物流中组分的测定根据实际工艺情况而定，有些工艺应测（例如电镀液中的Cu、Cr 等），有些工艺则不一定都测（例如炼油过程中各类烃的具体含量），原则是监测项目应满足对物质流的分析。

（2）监测点

监测点的设置须满足物料衡算的要求，即主要的物流进出口要监测，但对因工艺条件所限无法监测的某些中间过程，可用理论计算数值代替。

（3）实测时间和周期

对周期性（间歇）生产的企业，按正常一个生产周期（即一次配料由投入到产品产出为一个生产周期）进行逐个工序的实测，而且至少实测三个周期。对于连续生产的企业，应连续（跟班）监测 72 小时。

输入输出物流的实测注意同步性，即在同一生产周期内完成相应的输入和输出物流的同步实测。

（4）实测的条件

在正常生产工况下，按正确规范的样品采集和检测方法进行实测。

（5）现场记录

边实测边记录，及时记录原始数据，并标出测定时的工艺条件（温度、压力等）。

（6）数据单位

数据收集的单位要统一，并注意与生产报表及年、月统计表的可比性。间歇操作的产品，采用单位产品进行统计，连续生产的产品，可用单位时间产量进行统计。

3.2.2 实测

（1）实测输入物流。输入物流指所有投入生产的输入物，包括进入生产过程的原料、辅料、水、汽以及中间产品、循环利用物等。

- 数量；
- 组分（应有利于物质流分析）；
- 实测时的工艺条件。

（2）实测输出物流。输出物流指所有排出单元操作或某台设备、某一管线的排出物，包括产品、中间产品、副产品、循环利用物以及废弃物（废气、废渣、废水等）。

- 数量；
- 组分（应有利于物质流分析）；
- 实测时的工艺条件。

3.2.3 汇总数据

（1）汇总各单元操作数据。将现场实测的数据经过整理、换算，汇总在一张或几张表上，具体可参照表 3-2。

表 3-2 各单元操作数据汇总

<table>
<tr><th rowspan="3">单元操作</th><th colspan="5">输入物</th><th colspan="6">输出物</th></tr>
<tr><th rowspan="2">名称</th><th rowspan="2">数量①</th><th colspan="3">成分②</th><th rowspan="2">名称</th><th rowspan="2">数量</th><th colspan="3">成分</th><th rowspan="2">去向</th></tr>
<tr><th>名称</th><th>浓度</th><th>数量</th><th>名称</th><th>浓度</th><th>数量</th></tr>
<tr><td>单元操作1</td><td></td><td></td><td></td><td></td><td></td><td></td><td></td><td></td><td></td><td></td><td></td></tr>
<tr><td>单元操作2</td><td></td><td></td><td></td><td></td><td></td><td></td><td></td><td></td><td></td><td></td><td></td></tr>
<tr><td>单元操作3</td><td></td><td></td><td></td><td></td><td></td><td></td><td></td><td></td><td></td><td></td><td></td></tr>
</table>

注：① 数量按单位产品的量或单位时间的量填写。

② 成分指输入和输出物中含有的贵重成分或（和）对环境有毒有害成分。

（2）汇总审核重点数据。在单元操作数据的基础上，将审核重点的输入和输出数据汇总成表，使其更加清楚明了，表的格式可参照表 3-3。对于输入、输出物料是不能简单加和的，可根据组分的特点自行编制类似表格。

表 3-3 审核重点输入输出数据汇总

（单位： ）

输入		输出	
输入物	数量	输出物	数量
原料 1		产品	
原料 2		副产品	
辅料 1		废水	
辅料 2		废气	
水		废渣	
⋮		⋮	
合计		合计	

3.3 建立物料平衡关系

进行物料平衡的目的是量化分析物料的输入输出，准确地判断审核重点的物质流，包括物质流和废物流，定量地确定各类物料、废物的数量、成分以及去向，在此基础上分析排查并明确无组织排放、物质流失的环节及利用效率低、产生废物的原因，并为产生和确定清洁生产方案提供科学依据。

物料平衡可分为总质量平衡、元素平衡、成分平衡（如水平衡）等。总质量平衡是针对全部物料的输入输出进行平衡和量化分析，元素平衡是针对生产过程中某一重要元素例如重金属等的输入输出进行平衡和量化分析，成分平衡是针对生产过程物料中某一特定的有效成分进行平衡和量化分析，其中水平衡则是针对生产过程水的输入输出进行平衡和量化分析。企业应根据不同的审核重点、审核目的、生产工艺特点等，编制有针对性的物料平衡。本手册以总质量平衡为例进行介绍。

3.3.1 进行预平衡测算

从理论上讲，物料平衡应满足以下公式：输入 = 输出

根据物料平衡原理和实测结果，考察输入、输出物流的总量和主要组分达到的平衡情况。一般来说，如果输入总量与输出总量之间的偏差在 5%以内，则可以用物料平衡的结果进行随后的有关评估与分析，但对于贵重原料、有毒成分等的平衡偏差应更小或应满足行业要求；反之，则须检查造成较大偏差的原因，可能是实测数据不准或存在无组织物料

排放等情况，可返回物质流程图快速找到产生较大偏差的部位，通过重新实测或其他手段完善工艺流程物料平衡图，为后期分析废物产生的原因提供基础数据。

3.3.2 编制工艺流程物料平衡图

通过实测、统计或者台账等方式获取审核全部重点输入输出物料信息后，在审核重点的物料输入输出工艺流程图上清晰标注各单元操作的实际输入输出，包括物料名称和数量，建立工艺流程物料平衡图，了解并掌握审核重点生产过程中全部物料的流向、数量和存在形式，进行初步的物质流分析。

工艺流程物料平衡图以单元操作为基本单位，各单元操作用方框图表示，输入画在左边，主要的产品、副产品和中间产品按流程标示，而其他输出则画在右边。图 3-4 为某啤酒厂审核重点（酿造车间）工艺流程物料平衡图。

3.3.3 编制物料平衡图

在工艺流程物料平衡图的基础上，如果输入输出数据符合预平衡偏差原则，则可以建立并编制物料平衡（总）图。通过物料平衡（总）图，全面、宏观地计算评估整个审核重点生产过程物料损失的部位与数量、物料平衡偏差、实际原料利用率、废物（包括流失的物料）的种类、数量和所占比例以及对生产和环境的影响部位。

物料平衡图是针对审核重点编制的，即用图解的方式将预平衡测算结果标示出来。当审核重点涉及贵重原料和有毒成分时，物料平衡图应标明其成分和数量，或每一成分单独编制物料平衡图。

物料平衡图以审核重点的整体为单位，输入画在左边，主要的产品、副产品、中间产品和其他输出标在右边，气体排放物标在上边，循环和回用物料标在左下角。

从严格意义上说，水平衡是物料平衡的一部分。水若参与反应，则它是作为物料的一部分参与其中，但在许多情况下，它并不直接参与反应，而是作为清洗和冷却之用。在这种情况下，且当审核重点的耗水量较大时，为了了解耗水过程，寻找减少水耗的方法，应另外编制水平衡图。

有些情况下，审核重点的水平衡并不能全面反映问题或水耗在全厂占有重要地位，可考虑就全厂编制一个水平衡图。审核重点如涉及有毒、有害物质，可建立有毒有害物质平衡甚至元素平衡，进行有毒有害物质的物质流分析；如涉及能耗高问题，可建立能量平衡，在此基础上进一步进行能源效率评估与分析。

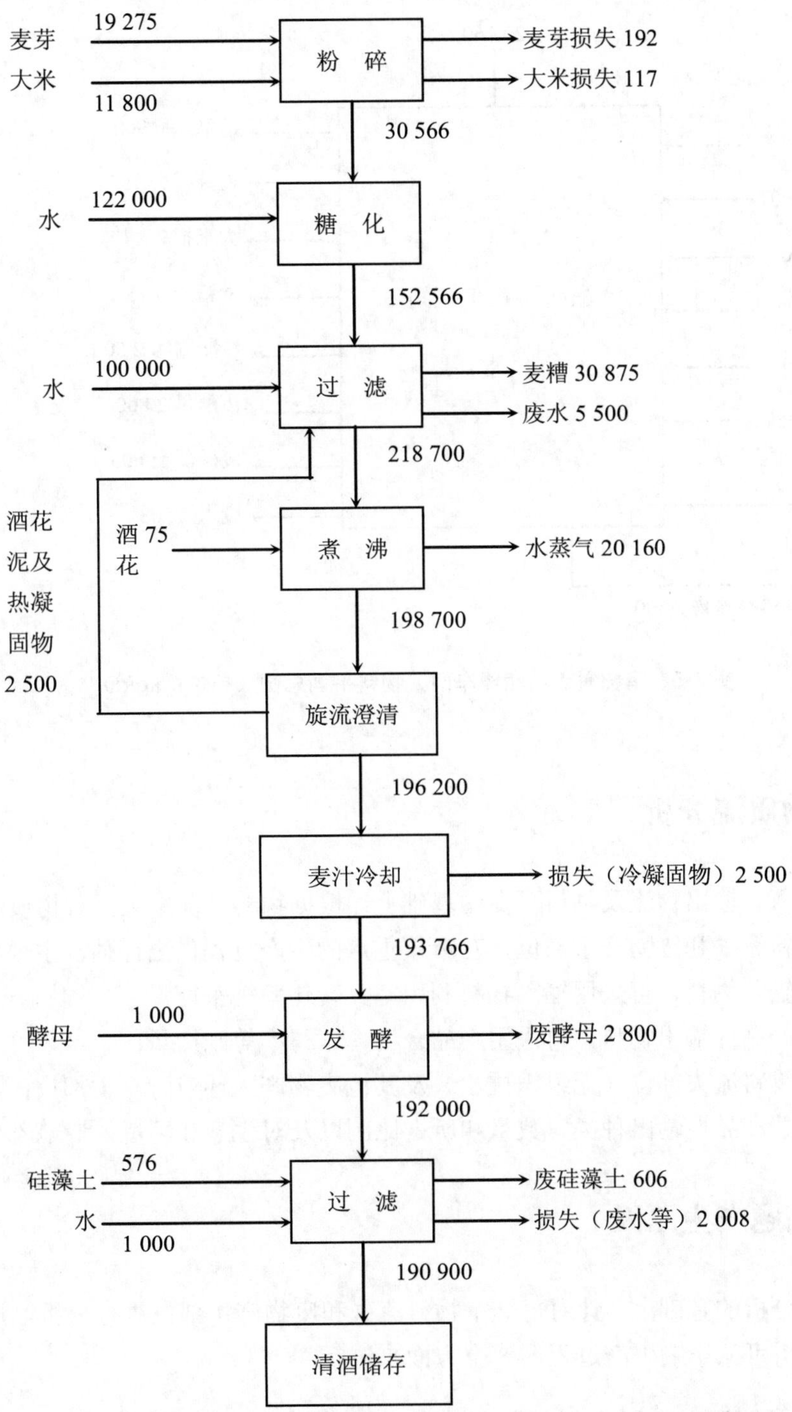

图 3-4 审核重点（酿造车间）工艺流程物料平衡图（单位：kg/d）

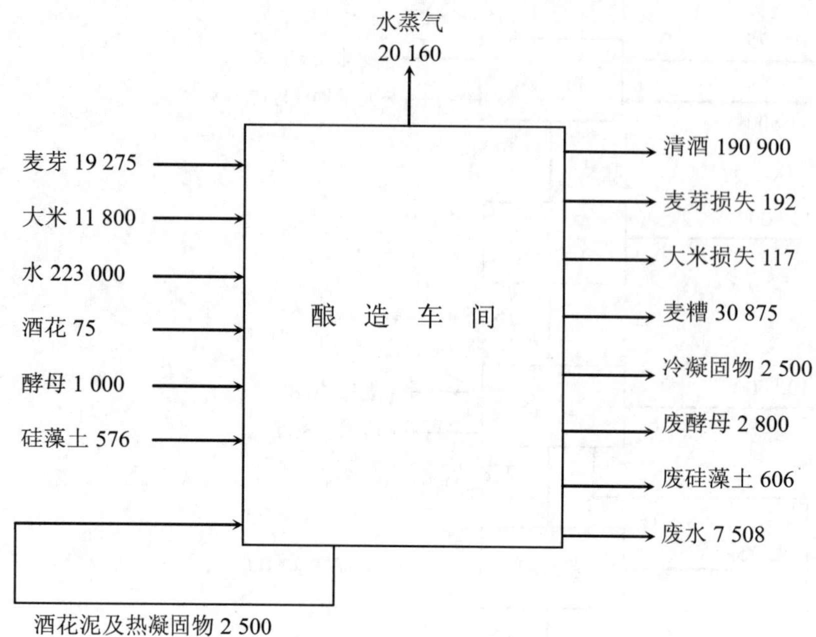

图 3-5 审核重点（酿酒车间）物料平衡总图（单位：kg/d）

3.4 进行物质流分析

在实测输入、输出物流及物料平衡的基础上，根据物料平衡结果，对物质流进行量化分析，寻找物料流失和废物产生部位，对审核重点的生产过程作出评估。主要内容如下：

（1）分析输入物料，可采用输入物料利用率、转化率等来衡量；

（2）分析产品性输出物料，可采用产品合格率、得率等来衡量；

（3）确定物料流失部位（无组织排放）及其他废物产生环节和产生部位；

（4）分析非产品性输出种类、数量和所占比例以及对生产和环境的影响部位。

3.5 分析问题产生原因

在物质流分析的基础上，针对每一个物料流失和废物产生部位进行分析，找出问题产生的原因。分析可从影响生产过程的 8 个方面来进行。

3.5.1 原辅料和能源

原辅料指生产中主要原料和辅助用料（包括添加剂、催化剂、水等）；能源指维持正常生产所用的动力源（包括电、煤、蒸汽、油等）。因原辅料及能源而导致产生废物的，主要有以下几个方面的原因：

（1）原辅料不纯或（和）未净化；

（2）原辅料储存、发放、运输过程中的流失；

（3）原辅料的投入量和（或）配比的不合理；

（4）原辅料及能源的超定额消耗；

（5）有毒、有害原辅料的使用；

（6）未利用清洁能源和二次资源。

3.5.2 技术工艺

因技术工艺而导致产生废物的，主要有以下几个方面的原因：

（1）技术工艺落后，原料转化率低；

（2）设备布置不合理，无效传输线路过长；

（3）反应及转化步骤过长；

（4）连续生产能力差；

（5）工艺条件要求过严；

（6）生产稳定性差；

（7）使用对环境有害的物料。

3.5.3 设备

因设备而导致产生废物的，主要有以下几个方面原因：

（1）设备破旧、漏损；

（2）设备自动化控制水平低；

（3）有关设备之间配置不合理；

（4）主体设备和公用设施不匹配；

（5）设备缺乏有效维护和保养；

（6）设备的功能不能满足工艺要求。

3.5.4 过程控制

因过程控制而导致产生废物的，主要有以下几个方面原因：

（1）计量检测、分析仪表不齐全或监测精度达不到要求；

（2）某些工艺参数（例如温度、压力、流量、浓度等）未能得到有效控制；

（3）过程控制水平不能满足技术工艺要求。

3.5.5 产品

产品包括审核重点内生产的产品、中间产品、副产品和循环利用物。因产品而导致产生废物的，主要有以下几个方面原因：

（1）产品储存和搬运中的破损、漏失；

（2）产品的转化率低于国内外先进水平；

（3）不利于环境的产品规格和包装。

3.5.6 废物

因废物本身具有的特性而未加利用导致产生废弃物的，主要有以下几个方面原因：

（1）对可利用废物未进行再用和循环使用；

（2）废物的物理化学性状不利于后续的处理和处置；

（3）单位产品废物产生量高于国内外先进水平。

3.5.7 管理

因管理而导致产生废物的，主要有以下几个方面的原因：

（1）有利于清洁生产的管理条例、岗位操作规程等未能得到有效执行；

（2）现行的管理制度不能满足清洁生产的需要：

- 岗位操作规程不够严格；
- 生产记录（包括原料、产品和废物）不完整；
- 信息交换不畅；
- 缺乏有效的奖惩办法。

3.5.8 员工

因员工而导致产生废物的，主要有以下几个方面原因：

（1）员工的素质不能满足生产需求：

- 缺乏优秀管理人员；
- 缺乏专业技术人员；
- 缺乏熟练操作人员；
- 员工的技能不能满足本岗位的要求。

（2）缺乏对员工主动参与清洁生产的激励措施。

3.6 提出备选方案并实施显而易行的方案

评估阶段主要针对审核重点，结合物料平衡、水平衡或能量平衡结果，根据问题产生原因，有针对性地提出审核重点显而易见的方案，并实施显而易行的方案。

第 4 章　方案产生和筛选

方案产生和筛选是企业进行清洁生产审核工作的第四个阶段。本阶段的目的一是针对问题形成原因的分析结果提出解决方案，二是对清洁生产审核过程中产生的方案进行全面系统的汇总、梳理和筛选，为下一阶段的可行性分析提供初步可行的中/高费清洁生产方案。

本阶段的工作重点是通过评估阶段的分析结果，产生审核重点的清洁生产方案；并在分类汇总前期全部清洁生产方案的基础上，筛选确定出两个（含）以上中/高费方案供下一阶段进行可行性分析。

4.1　产生方案

产生方案是贯穿于整个清洁生产审核的各个阶段的工作。清洁生产方案的数量、质量和可实施性直接关系到企业清洁生产审核的成效，是审核过程的一个关键环节，应广泛发动群众征集、产生各类方案。属于强制性清洁生产审核的企业，应针对纳入强制性审核的原因，重点征集清洁生产方案；对于污染物超标的企业，通过本轮清洁生产审核，首先要实现达标排放，因此在产生方案过程中，除了常规清洁生产方案外，可结合末端治理技术，确保达标。

4.1.1　产生方案的主要途径

（1）广泛采集，创新思路

在全厂范围内利用各种渠道和多种形式，进行宣传动员，鼓励全体员工提出清洁生产方案或合理化建议（见附录二中工作表 4-1）。通过实例教育，克服思想障碍，制定奖励措施以鼓励创造性思想和方案的产生。

（2）根据物料平衡和物质流分析结果，针对问题产生原因清单产生方案

进行物料平衡、物质流分析和废物产生等问题原因分析的目的就是要为清洁生产方案的产生提供依据。因而方案的产生要紧密结合这些结果，只有这样才能使所产生的方案具有针对性。

（3）广泛收集国内外同行业先进技术

类比是产生方案的一种快捷、有效的方法。应组织工程技术人员广泛收集国内外同行业的先进技术，并以此为基础，结合本企业的实际情况，制定清洁生产方案。

（4）组织行业专家进行技术咨询

当企业利用本身的力量难以完成某些方案的产生时，可以借助于外部力量，组织行业专家进行技术咨询，这对启发思路、畅通信息将会很有帮助。

4.1.2 产生方案的原则

清洁生产审核过程中产生方案的原则是要全面系统地产生方案，针对产生问题的原因，提出相应的清洁生产方案，系统解决每一个问题的方案可以是一个或者多个，包括无/低费方案和中/高费方案。

清洁生产涉及企业生产和管理的各个方面，虽然物料平衡和各类清洁生产问题产生原因分析将大大有助于方案的产生，但是为了全面、系统地解决问题，须从影响生产过程的八个方面进行全面分析，并系统地产生方案。

（1）原辅材料和能源替代；

（2）技术工艺改造；

（3）设备维护和更新；

（4）过程优化控制；

（5）产品更换或改进；

（6）废物回收利用和循环使用；

（7）加强管理；

（8）员工素质的提高以及积极性的激励。

4.2 汇总方案

汇总方案主要是为了在方案数量较多的情况下便于统计分析，对所有的清洁生产方案，不论已实施的还是未实施的，不论是属于审核重点的还是不属于审核重点的，均按原辅材料和能源替代、技术工艺改造、设备维护和更新、过程优化控制、产品更换或改进、废物回收利用和循环使用、加强管理、员工素质的提高及积极性的激励等八个方面列表简述其内容、原理和实施后的预期效果，对提出的方案进行列表分类汇总，并注明方案费用类型，详见附录二中工作表4-2。

4.3 筛选方案

在进行方案筛选时可采用两种方法：一是用比较简单的方法进行初步筛选，二是采用权重总和计分排序法进行筛选和排序。

4.3.1 初步筛选

初步筛选是要对已产生的所有清洁生产方案进行简单分析和评估，从而筛选出可行的方案、初步可行的方案和不可行方案三大类。

属于强制性清洁生产审核的企业，应把解决涉及强制性清洁生产审核的问题作为筛选重点，加大涉及解决强审问题的方案的筛选权重。

（1）确定初步筛选因素：初步筛选因素可考虑技术可行性、环境效果、经济效益、实施难易程度以及对生产和产品的影响等几个方面。

① 技术可行性。主要考虑该方案的成熟程度，例如是否已在企业内部其他部门采用过或同行业其他企业采用过，以及采用的条件是否基本一致等。

② 环境效果。主要考虑该方案是否可以减少废物的数量和毒性，是否能改善工人的操作环境等。

③ 经济效果。主要考虑投资和运行费用能否承受得起，是否有经济效益，能否减少废物的处理处置费用等。

④ 实施的难易程度。主要考虑是否在现有的场地、公用设施、技术人员等条件下即可实施或稍作改进即可实施，实施的时间长短等。

⑤ 对生产和产品的影响。主要考虑方案的实施过程中对企业正常生产的影响程度以及方案实施后对产量、质量的影响。

（2）进行初步筛选：在进行方案的初步筛选时，可采用简易筛选方法，即组织企业领导和工程技术人员进行讨论来决策。方案的简易筛选方法基本步骤如下：第一步，参照上述筛选因素的确定方法，结合本企业的实际情况确定筛选因素；第二步，确定每个方案与这些筛选因素之间的关系，若是正面影响关系，则打“√”，若是反面影响关系则打“×”；第三步，综合评价，得出结论。具体参照表 4-1。

表 4-1　方案简易筛选方法

筛选因素	方案编号				
	F_1	F_2	F_3	…	F_n
技术可行性	√	×	√	…	√
环境效果	√	√	√	…	×
经济效果	√	√	×	…	√
⋮	⋮	⋮	⋮	…	⋮
结论	√	×	×	…	×

4.3.2 权重总和计分排序

权重总和计分排序法适合于处理方案数量较多或指标较多，相互比较有困难的情况，一般仅用于中/高费方案的筛选和排序。

方案的权重总和计分排序法基本同第 2 章审核重点的权重总和计分排序法，只是权重因素和权重值有些不同。权重因素和权重值的选取可参照以下建议。

（1）环境效果，权重值 W=8～10。主要考虑是否减少对环境有害物质的排放量及其毒性；是否减少了对工人安全和健康的危害；是否能够达到环境标准等。对于强制性审核企业，可加大环境效果的权重值，筛选结果应保留至少一项解决涉及强制清洁生产审核问题的清洁生产方案。

（2）经济可行性，权重值 W=7～10。主要考虑费用效益比是否合理。

（3）技术可行性，权重值 W=6～8。主要考虑技术是否成熟、先进；能否找到有经验的技术人员；国内外同行业是否有成功的先例；是否易于操作、维护等。

（4）可实施性，权重值 W=4～6。主要考虑方案实施过程中对生产的影响大小；施工难度，施工周期；工人是否易于接受等。

具体方法参见表 4-2。

表 4-2 方案的权重总和计分排序

权重因素	权重值（W）	方案得分								
		F_1		F_2		F_3		……	方案 n	
		R	$R\times W$	R	$R\times W$	R	$R\times W$		R	$R\times W$
环境效果										
经济可行性										
技术可行性										
可实施性										
总分（$\Sigma R\times W$）	—									
排序	—									

4.3.3 汇总筛选结果

根据上述筛选方法，按可行的方案、初步可行的方案和不可行方案列表汇总全部方案的筛选结果（见附录二中工作表 4-3）。可行的方案可根据企业资金、技术力量等实际情况安排实施；初步可行的方案需要进一步研制、论证、筛选加以确定，其中初步可行的中/高费方案需要进行可行性分析予以确定；不可行的方案则搁置或否定。

4.4　继续实施显而易行的方案

继续实施经筛选确定的显而易行的清洁生产方案。

4.5　清洁生产审核阶段性总结

清洁生产审核阶段性总结在方案产生和筛选工作完成之后进行，是对前面重点工作进行梳理，尤其是对企业清洁生产潜力分析、审核总体方向、审核重点、清洁生产目标设置、产生问题的原因分析等方面进行梳理，及时总结经验和发现问题，为后续审核工作奠定基础。

第 5 章　可行性分析

可行性分析是清洁生产审核的第五阶段。本阶段的目的是对筛选出的初步可行中/高费方案进行分析和评估，以确定最佳的、可实施的中/高费清洁生产方案。

本阶段工作重点是在调研基础上进一步明确方案基本内容，对方案进行技术、环境、经济（财务）等方面的可行性分析与比较，从中选择和推荐最佳的可行方案。

最佳的可行方案是指该项清洁生产方案在技术上先进适用、在经济（财务）上合理有利、又能预防污染从而保护环境的最优方案。

5.1　研制方案

5.1.1　初步研制方案

经过筛选得出的初步可行的中/高费清洁生产方案，因为投资额较大，而且一般对生产工艺过程有一定程度的影响，还需要进一步研制，主要是进行一些工程化分析，从而提供两个（含）以上方案进行可行性分析。方案的研制内容通常包括以下四个方面：

（1）方案的工艺流程详图；

（2）方案的主要设备清单；

（3）方案的费用和效益估算；

（4）编写方案说明。

对每一个初步可行的中/高费清洁生产方案均应编写方案说明，主要包括技术原理、主要设备、主要技术经济指标、可能的环境影响等（见附录二工作表 5-1）。

一般说来，筛选出来的每一个中/高费方案进行研制和细化时都应考虑以下几个原则。

（1）系统性。考察每个单元操作在一个新的生产工艺流程中所处的层次、地位和作用，以及与其他单元操作的关系，从而确定新方案对其他生产过程的影响，并综合考虑经济效益和环境效果。

（2）闭合性。尽量使工艺流程对生产过程中的载体，例如水、溶剂等，实现闭路循环。

（3）无害性。清洁生产工艺应该是无害（或至少是少害）的生态工艺，要求不污染（或轻污染）空气、水体和地表土壤；不危害操作工人和附近居民的健康；不损坏风景区、休憩地的美学价值；生产的产品要提高其环保性，使用可降解原材料和包装材料。

（4）合理性。合理性旨在合理利用原料，优化产品的设计和结构，降低能耗和物耗，减少劳动量和劳动强度等。

5.1.2 市场调查和预测

清洁生产方案如果涉及以下情况时，需要首先进行市场调查和预测：

（1）拟对产品结构进行调整或变更；

（2）有新的产品或副产品产生；

（3）会得到需要销售给其他用户用于生产的原辅材料。

绝大多数中/高费方案并不涉及上述情形，此时可跳过市场调查和预测，直接调研并进一步确定中/高费方案的基本内容。

（1）调查市场需求

1）国内同类产品的价格、市场总需求量；

2）当前同类产品的总供应量；

3）产品进入国际市场的能力；

4）产品的销售对象（地区或部门）；

5）市场对产品的改进意见。

（2）预测市场需求

1）国内市场发展趋势预测；

2）国际市场发展趋势分析；

3）产品开发生产销售周期与市场发展的关系。

5.2 确定方案基本内容

通过市场调查和需求预测，对原来方案的技术途径和生产规模可能会作相应调整。在进行技术、环境、财务评估之前，要最终确定方案的基本内容。每一方案中可包括 2～3 种不同的技术途径，以供选择，其内容应包括以下几个方面：

（1）方案技术工艺流程详图；

（2）方案实施途径及要点；

（3）主要设备清单及配套设施要求；

（4）方案所达到的技术经济指标；

（5）可产生的环境、经济效益预测；

（6）方案的投资总费用。

通过调研分析与比较，进一步确定中/高费方案的基本内容：技术方案/工艺方案、设备方案、建构筑物工程方案（需要时）。

项目实施后新的物料平衡关系，主要原材料、辅助材料、水、电、气等指标消耗水平的预期值。

在调查相关设备制造、供应以及运行状况等情况的基础上，对拟选用的主要设备作分析比较，提出推荐的设备方案并给出主要设备清单。

建（构）筑物工程方案是中/高费方案的可能涉及内容之一，在已确定技术方案和设备方案的基础上，需要时给出中/高费方案所需建构筑物清单，以便估算建构筑物建设工程的建筑安装工程量，作为其投资估算的依据之一。此方案及相应的建设投资应有企业专门负责土木施工建设的部门负责配合完成。

5.3 进行技术评估

技术评估是研究项目在预定条件下，为达到投资（清洁生产）的目的所采用的工程技术是否可行。技术评估应着重评价以下几方面：

（1）方案设计中采用的工艺路线、技术设备在经济合理的条件下的先进性和适用性；

（2）与国家有关的技术政策和能源政策的相符性；

（3）技术引进或设备进口是否符合我国国情，引进技术后能否消化吸收；

（4）资源的利用率和技术途径合理；

（5）技术设备操作上安全、可靠；

（6）技术成熟（例如，国内有实施的先例）。

5.4 进行环境评估

任何一个清洁生产方案都应有显著的环境效益（包括资源能源效益），环境评估是方案可行性分析的核心。环境评估应包括以下内容：

（1）资源、能源的消耗与资源可持续利用要求的关系；

（2）污染物产生量和排放量的变化；

（3）污染物组分的毒性及其降解情况；

（4）污染物的二次污染；

（5）操作环境对人员健康的影响；

（6）废物的重复利用、循环利用和再生回收。

5.5 进行财务评估

本阶段所指的财务评估是从企业的角度，计算方案所产生的财务效益和费用，考察和分析方案的盈利能力，评价方案在财务上的可行性，并通过分析比较，选择效益最佳的方案，为投资决策提供依据。

5.5.1 清洁生产经济效益的统计方法

清洁生产既有直接的经济效益也有间接的经济效益，这些经济效益即有可记账部分，也有不可记账部分，要尽可能完善清洁生产经济效益的统计方法，独立建账，明细分类。

清洁生产的经济效益包括图 5-1 所示的几方面收益。

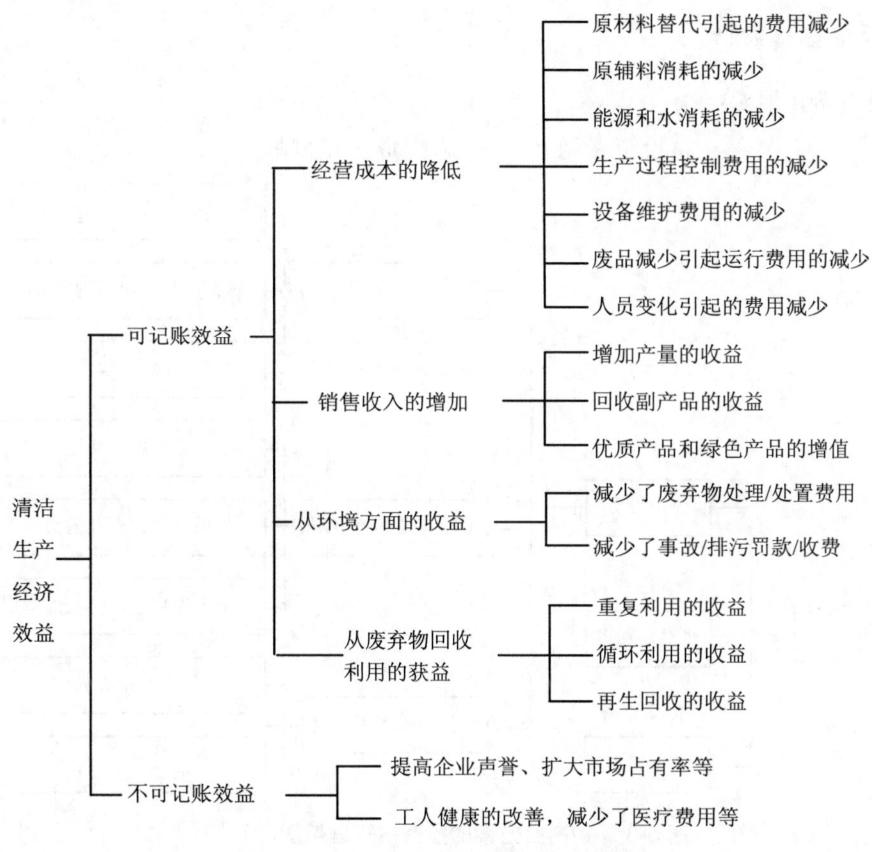

图 5-1 清洁生产经济效益汇总图

中高费方案清洁生产经济效益中的可记账科目应全部纳入财务评估指标的计算之中，不可记账部分则应给予恰如其分的定性描述。

5.5.2 财务评估方法

财务评估应在项目财务效益与费用估算的基础上进行。清洁生产方案的财务评估主要采用项目折现现金流量分析（财务动态获利性分析）方法，以清洁生产方案实施前后现金流量变化的估算为基础，考察整个项目计算期内现金流入和现金流出的变化情况，利用资金时间价值的原理进行折现，计算项目净现值（NPV）和投资内部收益率（IRR）等指标。同时也可计算静态投资回收期（P_t）指标。

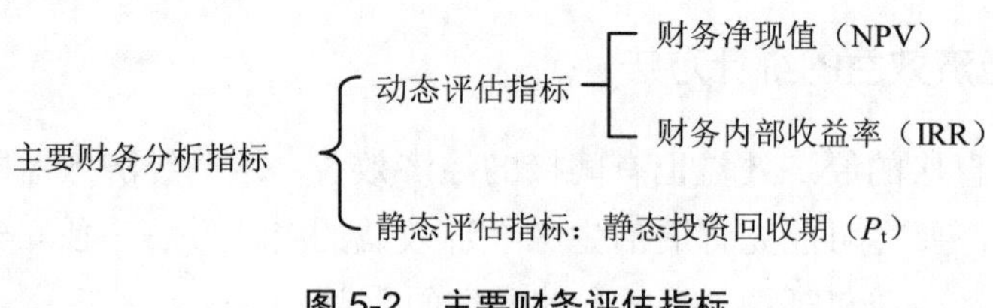

图 5-2 主要财务评估指标

5.5.3 财务评估基础数据

（1）总投资费用（I）：

$$总投资费用（I）= 总投资 - 补贴$$

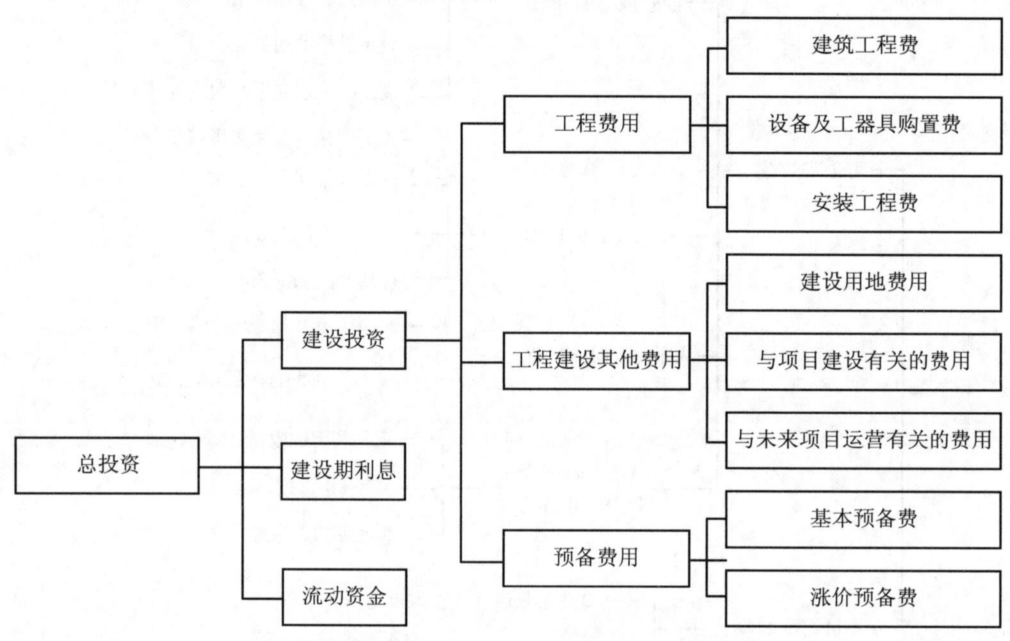

图 5-3 中/高费方案的投资估算框架图

其中，工程费用和工程建设其他费用形成固定资产。为简化计，预备费用和建设期利息，在可行性分析中一并计入固定资产原值。总投资费用统计参见附录二工作表 5-2。

（2）新增折旧费（D）

折旧费是指新增的固定资产在使用中，按固定资产额及其折旧年限，计算出的每年应分摊的费用。

清洁生产方案项目的年新增折旧费可按下列简单线形折旧公式计算。

$$D = \frac{I}{n}$$

式中：D —— 项目新增折旧费，万元/年；

I—— 总投资费用中固定资产原值，万元；

n —— 项目寿命期（即折旧期），年。

（3）年新增利润（P）

实施清洁生产方案产生的年新增利润主要来源于销售收入增加额与总成本费用、销售税金及附加等项增加额之间的差额（即销售利润增加额）。

年新增利润（P）=年新增销售收入−年新增总成本费用−年新增销售税金及附加等

其中：

总成本费用=经营成本+折旧费+摊销费+财务费用（利息支出）

经营成本=外购原材料、燃料和动力费+工资及福利费+维修费+其他费用

当清洁生产方案项目产生年新增销售收入时，可由企业财务人员负责或协助核算年新增利润。

当清洁生产方案项目新增利润全部来源于项目经营成本的减少且不考虑摊销费和财务费用时，项目投产运行期各年份的新增利润可按以下方法计算：

年新增利润（P）=年经营成本减少额−年新增折旧

（4）年新增净现金流量（F）

净现金流量是现金流入和现金流出之差额，年净现金流量就是一年内现金流入和现金流出的代数和。清洁生产方案项目的年新增净现金流量是指因项目实施每年给企业带来的净现金流量新增部分。

年新增净现金流量（F）=年新增现金流入量−年新增现金流出量

如果项目增量固定资产的最后残值、项目流动资产增量、项目财务费用（如利息）增量等项均为零，只考虑所得税，且项目总投资仅发生于投资初始年，此时，项目投产运行期内各年的净现金流量可按以下方法计算，得到一个相对固定不变的项目新增净现金流量（F）。

年新增净现金流量（F）=年新增净利润＋年新增折旧费

=年新增利润 P×（1−所得税率 R）+年新增折旧费 D

年新增净现金流量核算表参见附录二工作表 5-3。

5.5.4 财务评估指标

（1）净现值（NPV，Net Present Value）

净现值是指按设定的折现率（discount rate，未来预期收益折算成等值现值的比率 i_c）所计算的整个项目计算期内各年净现金流量的现值之和。在投资初年便完成项目全部投资（I），且在项目投产运行期（$1 \leqslant t \leqslant n$）内各年净现金流量为一个固定值（$F$）时，净现值（NPV）可按下式计算：

$$\mathrm{NPV}=\sum_{t=1}^{n}\frac{F}{(1+i_c)^t}-I=F\times\sum_{t=1}^{n}\frac{1}{(1+i_c)^t}-I$$

式中：NPV —— 净现值，万元；

F —— 年净现金流量，万元；

I —— 总投资费用，万元；

n —— 项目寿命期，年数；

i_c —— 设定的折现率，%；

$\sum_{t=1}^{n}\frac{1}{(1+i_c)^t}$ —— 等额分付（年金）现值系数。

（2）内部收益率（IRR，Internal Rate of Return）

内部收益率是指项目在整个计算期内各年净现金流量现值累计等于零时的折现率，它是评价项目盈利能力的动态指标。内部收益率可采用适用的财务电算化软件或微软软件Excel工具计算。

在投资初年便完成项目全部投资（I），且在项目投产运行期（$1 \leqslant t \leqslant n$）内各年净现金流量为一个固定值（$F$）时，IRR表达式可简化为如下公式：

$$\text{NPV} = \sum_{t=1}^{n}\frac{F}{(1+\text{IRR})^t} - I = 0$$

计算内部收益率（IRR）的简易方法可用试算插值法。

$$\text{IRR} = i_1 + \frac{\text{NPV}_1(i_2 - i_1)}{\text{NPV}_1 + |\text{NPV}_2|}$$

式中：i_1——当净现值NPV_1为接近于零的正值时所对应的折现率；

i_2——当净现值NPV_2为接近于零的负值时所对应的折现率。

NPV_1，NPV_2分别为试算折现率i_1和i_2时，对应的净现值。

i_1与i_2可查表获得，i_1与i_2的差值不应当超过1%～2%。

（3）静态投资回收期（P_t）

静态投资回收期（P_t）是指以项目的净现金流量回收项目全部投资所需要的时间，一般以年为单位表示，并从项目投资初年（建设起始年）算起。在投资初年便完成项目全部投资（I），且在项目投产运行期（$1 \leqslant t \leqslant n$）内各年净现金流量为一个固定值（$F$）时，静态投资回收期可按如下简化公式计算：

$$P_t = \frac{I}{F}$$

式中：P_t——投资回收期，年；

I——总投资费用，万元；

F——年净现金流量，万元。

各方案财务评估指标汇总表参见附录二工作表5-4。

5.5.5　财务评估准则

（1）单个方案判别准则

1）净现值 NPV≥0

按照设定的折现率计算的净现值大于或等于零时，表明项目的盈利能力超过或者达到预期盈利水平，则认为此项目在财务上可接受。

2）内部收益率 IRR≥行业基准收益率 i_c

当内部收益率 IRR 大于或等于所设定的判别基准即行业基准收益率 i_c 时，也表明项目的盈利能力超过或达到预期盈利水平，项目方案在财务上可接受。

3）静态投资回收期 P_t＜基准投资回收期 P_0

投资回收期是评价项目盈利能力和抗风险能力的一项参考指标。投资回收期越短，表明项目投资回收越快，抗风险能力越好。静态投资回收期的判别标准是基准投资回收期，其取值可根据行业水平或者投资者的预期水平设定。投资回收期应小于基准投资回收期，项目投资方案可接受。

（2）互斥方案比选准则

- 净现值最大

对项目寿命期相同的两个以上互斥方案进行比较选择时，在选用相同的基准折现率计算的基础上，应选择净现值最大的方案。

5.6　确定最佳可行方案

汇总并列表比较各个推荐的中/高费方案的技术、环境、财务评估结果，确定最佳可行的实施方案，见附录二中工作表 5-5。

第 6 章　方案实施

方案实施是清洁生产审核的第六个阶段。本阶段目的是通过推荐方案（经分析可行的中/高费最佳可行方案）的实施，提高企业的清洁生产水平，并获得显著的经济和环境效益；同时通过评估已实施的清洁生产方案效益，激励企业推行清洁生产。

本阶段的工作重点是组织方案实施、汇总已实施方案效益、评价已实施中/高费方案的效果、整体评价已实施方案对企业的影响。

6.1　组织方案实施

实施方案在具体实施前还需要周密准备。

6.1.1　统筹规划

需要筹划的内容有：

（1）筹措资金；

（2）设计；

（3）征地、现场开发；

（4）申请施工许可证；

（5）兴建厂房；

（6）设备选型、调研、设计、加工或订货；

（7）落实配套公共设施；

（8）设备安装；

（9）组织操作、维修、管理班子；

（10）制订各项规程；

（11）人员培训；

（12）原辅料准备；

（13）应急计划（突发情况或障碍）；

（14）施工与企业正常生产的协调；

（15）试运行与验收；

（16）正常运行与生产。

统筹规划时建议采用甘特图形式制订实施进度表（见附录二中工作表 6-1）。表 6-1 是某造纸企业的方案实施进度表。

表 6-1　某造纸企业实施方案进度表

内容	××××年												负责单位
	1月	2月	3月	4月	5月	6月	7月	8月	9月	10月	11月	12月	
1. 设计													专业设计院
2. 设备考察													设备与环保科
3. 设备选型、定货													设备与环保科
4. 原辅材料的准备													生产与环保科
5. 设备安装													专业安装队
6. 人员培训													生产技术科
7. 试车													造纸车间
8. 正常生产													造纸车间

实施方案名称：造纸车间白水回收方案。

6.1.2　筹措资金

（1）资金的来源。资金的来源有两个渠道：

① 企业内部自筹资金：企业内部资金包括两个部分：一是现有资金，二是通过实施清洁生产无/低费方案，逐步积累资金，为实施中/高费方案做好准备。

② 企业外部资金，包括：国内借贷资金，如国内银行贷款等；国外借贷资金，如世界银行贷款等；其他资金来源，如国际合作项目赠款、环保资金返回款、政府财政专项拨款、发行股票和债券融资等。

（2）合理安排资金。若同时有数个方案需要投资实施时，则要考虑如何合理有效地利用有限的资金。

在方案可分别实施，且不影响生产的条件下，可以对方案实施顺序进行优化，先实施某个或某几个方案，然后利用方案实施后的收益作为其他方案的启动资金，使方案滚动实施。

6.1.3 实施方案

方案的立项、设计、施工、验收等，按照国家、地方或部门的有关规定执行。无/低费方案的实施过程也要符合企业的管理和项目的组织、实施程序。

6.2 跟踪统计并汇总已实施方案效益

已实施方案的效益有两个主要方面：环境效益和经济效益。通过调研、实测和计算等方法，依据企业财务数据、计量数据和成本核算数据，对方案的实施效果进行跟踪、统计。分别统计、汇总并对比各项环境指标，包括物耗、水耗、电耗等资源消耗指标以及废水量、废气量、固废量等废物产生指标在方案实施前后的变化，从而获得方案实施后的环境效果；分别对比产值、原材料费用、能源费用、公共设施费用、水费、污染控制费用、维修费、税金以及净利润等经济指标在方案实施前后的变化，从而获得方案实施后的经济效益，最后对本轮清洁生产审核中方案的实施情况作总结。效益统计方法和要求详见附录二中工作表 6-2 至表 6-7。

效益汇总应注意：① 绩效值应以量化的形式体现；② 绩效值的汇总应全面。如锅炉增设省煤器，绩效既包括煤的节省量，在同样的工况下也带来烟尘及二氧化硫的排放量的削减。③ 所有统计数据必须明确数据源出处，必须是可追溯、可跟踪的数据。④ 必要时需进行实测对统计数据进行补充、完善与核实。

清洁生产方案实施产生的经济效益，尽可能按照企业现行的财务统计与核算体系进行量化。对于部分管理类无/低费方案的经济效益如果无法单独量化统计，可综合考虑并进行定性描述。

6.3 评价已实施中/高费方案效果

对已实施的中/高费方案，要对其实施效果进行技术、环境、经济（财务）和综合评价。

6.3.1 技术评价

主要评价各项技术指标是否达到原设计要求，若没有达到要求，如何改进等。

6.3.2 环境评价

环境评价主要对方案实施前后各项环境指标进行追踪并与方案的设计值相比较，考察方案的环境效果以及企业环境形象的改善。

通过方案实施前后的数字，可以获得方案的环境效益，又通过方案的设计值与方案实施后的实际值的对比，即方案理论值与实际值进行对比，可以分析两者差距，相应地对方案进行完善。同时结合清洁生产目标中相关的环境目标进行方案环境评价。

6.3.3 财务评价

财务评价是评价清洁生产方案实施效果的重要手段。分别对比产值、原材料费用、能源费用、公共设施费用、水费、污染控制费用、维修费、税金以及净利润等经济指标在方案实施前后的变化以及实际值与设计值的差距，从而获得方案实施后所产生的经济效益情况。

6.3.4 综合评价

通过对每一个中/高费清洁生产方案进行技术、环境、经济（财务）三方面的分别评价，可以对已实施的各个方案成功与否做出综合、全面的评价结论。

6.4 分析总结清洁生产审核的影响

无/低费和中/高费清洁生产方案经过征集、设计、实施等环节，使企业面貌有了改观，有必要进行总结，以巩固清洁生产成果。

6.4.1 汇总环境效益和经济效益

将已实施的无/低费和中/高费清洁生产方案成果汇总成表（见附录二中工作表 6-8），内容包括实施时间、投资、运行费、经济效益和环境效果。定量的效益统计与汇总可以直观反映本轮清洁生产审核的实际效果。

6.4.2 对比分析清洁生产目标

与预评估阶段制定的本轮清洁生产审核的全厂总体目标和审核重点清洁生产目标分别进行比对，分析设定目标的完成情况及存在的差距，包括目标设定的合理性和改进方向等。

6.4.3 综合对比评价清洁生产水平

结合预评估阶段对企业在技术工艺与装备、资源能源利用效率、产污排污水平、废物综合回收与利用、产品、环境管理等方面的清洁生产潜力分析结论，综合评价企业清洁生产水平变化情况（变化的项目、提高的幅度等），全面反映本轮清洁生产审核给企业带来的综合影响。特别要采用定量分析方法，对比评估审核前后企业各项单位产品指标的变化情况（见附录二中工作表 6-9），这是最有说服力、最能体现清洁生产效益的方法和因素之一。

6.4.4 清洁生产成果宣传

在总结已实施的无/低费和中/高费方案清洁生产成果的基础上，组织宣传材料，在企业内广为宣传，为继续推行清洁生产打好基础。

第 7 章　持续清洁生产

持续清洁生产是企业清洁生产审核的第七个阶段也是本轮审核的最后一个阶段。目的是使清洁生产工作在企业内长期、持续地推行下去。

本阶段工作重点是建立推行和管理清洁生产工作的组织机构、加强和完善促进实施清洁生产的管理制度、制定持续清洁生产计划以及编写清洁生产审核报告。

7.1　建立和完善清洁生产组织

清洁生产是一个动态的、相对的概念，是一个连续的过程，因而需要有一个固定的机构、稳定的工作人员来组织和协调这方面工作，以巩固已取得的清洁生产成果，并使清洁生产工作持续地开展下去（见附录二中工作表 7-1）。

7.1.1　明确任务

企业清洁生产组织机构的任务主要有以下五个方面：

（1）组织协调并监督实施本轮审核提出的清洁生产方案；

（2）经常性地组织对企业职工的清洁生产教育和培训；

（3）考核本轮审核提出的清洁生产方案实施效果；

（4）选择下一轮清洁生产审核重点，并启动新一轮清洁生产审核；

（5）负责清洁生产活动的日常管理。

7.1.2　落实归属

清洁生产机构要想起到应有的作用，及时完成任务，必须落实其归属问题。企业的规模、类型和现有机构等千差万别，因而清洁生产机构的归属也有多种形式，各企业可根据自身的实际情况具体掌握。可考虑以下几种形式：

（1）单独设立清洁生产办公室，直属企业主管领导；

（2）在环保部门中设立清洁生产机构；

（3）在管理部门或技术部门中设立清洁生产机构。

不论是以何种形式设立的清洁生产机构，企业的高层领导要有专人直接领导该机构的工作，因为清洁生产涉及生产、环保、技术、动力、管理等各个部门，必须有高层领导的协调才能有效地开展工作。

7.1.3　确定专人负责

为避免清洁生产机构流于形式、确定专人负责是很有必要的。负责人须具备以下能力：

（1）熟练掌握清洁生产审核知识；

（2）熟悉企业的清洁生产情况；

（3）了解企业的生产和技术情况；

（4）较强的工作协调能力；

（5）较强的工作责任心和敬业精神。

7.2　加强和完善清洁生产管理

清洁生产管理包括把审核成果纳入企业的日常管理轨道、建立激励机制和保证稳定的清洁生产资金来源等。

7.2.1　把审核成果纳入企业的日常管理

把清洁生产的审核成果及时纳入企业的日常管理轨道，是巩固清洁生产成效、防止走过场的重要手段，特别是通过清洁生产审核产生的一些无/低费方案，如何监督实施，并使它们形成制度显得尤为重要。

（1）将清洁生产方案实施效果纳入企业成本核算工作，调整相关核算指标；

（2）把清洁生产审核提出的加强管理的措施文件化，形成制度；

（3）把清洁生产审核提出的岗位操作改进措施，写入岗位的操作规程，并要求严格遵照执行；

（4）把清洁生产审核提出的工艺过程控制的改进措施，写入企业的技术规范。

7.2.2　建立和完善清洁生产激励机制

在奖金、工资分配，提升、降级、上岗、下岗、表彰、批评等诸多方面，充分与清洁生产挂钩，建立清洁生产激励机制，以调动全体职工参与清洁生产的积极性。

7.2.3　保证稳定的清洁生产资金来源

清洁生产的资金来源可以有多种渠道，例如贷款、集资等，但是清洁生产管理制度的一项重要作用是保证实施清洁生产所产生的经济效益，全部或部分地用于清洁生产和清洁生产审核，以持续滚动地推进清洁生产。建议企业财务对清洁生产的投资和效益单独建账。

7.2.4 建立企业清洁生产指标管理考核制度

制定企业清洁生产指标管理考核办法，逐步建立、健全清洁生产指标管理制度，定期对清洁生产实施效果进行考核。

7.3 制定持续清洁生产计划

清洁生产并非一朝一夕就可完成，因而应制定持续清洁生产计划，使清洁生产有组织、有计划地在企业中进行下去（见附录二中工作表 7-2）。持续清洁生产计划应包括：

（1）清洁生产方案的实施计划：针对经本轮审核提出却未实施的中/高费方案制定具体的实施计划。

（2）清洁生产审核工作计划：指下一轮的清洁生产审核的工作计划。新一轮清洁生产审核的启动并非一定要等到本轮审核的所有方案都实施以后才进行，只要大部分可行的无/低费方案得到实施，取得初步的清洁生产成效，并在总结已取得的清洁生产经验的基础上，即可开始新的一轮审核，根据国家和地方的清洁生产重点领域与方向，提出企业新的审核方向和审核重点。

（3）清洁生产新技术的研究与开发计划：根据本轮审核发现的问题，研究与开发新的清洁生产技术。

（4）企业职工的清洁生产培训计划：采取有效宣传、培训手段，在企业领导干部、专业技术人员、生产岗位员工中推广普及清洁生产知识和方法，提高清洁生产意识。

7.4 编写清洁生产审核报告

可参照附录三、附录四要求编制相应报告。

附录一　年金现值系数表

年数	折现率/%									
	1	2	3	4	5	6	7	8	9	10
1	0.990 1	0.980 4	0.970 9	0.961 5	0.952 4	0.943 4	0.934 6	0.925 6	0.917 4	0.909 1
2	1.970 4	1.941 6	1.913 5	1.886 1	1.859 4	1.833 4	1.808 0	1.783 3	1.759 1	1.735 5
3	2.941 0	2.883 9	2.828 6	2.775 1	2.723 2	2.673 0	2.624 3	2.577 1	2.531 3	2.486 9
4	3.902 0	3.807 7	3.717 1	3.629 9	3.546 0	3.465 1	3.387 2	3.312 1	3.239 7	3.169 9
5	4.853 4	4.713 5	4.579 7	4.451 8	4.329 5	4.212 4	4.100 2	3.992 7	3.889 7	3.790 8
6	5.795 5	5.601 4	5.417 2	5.242 1	5.075 7	4.917 3	4.766 5	4.622 9	4.485 9	4.355 3
7	6.728 2	6.472 0	6.230 3	6.002 1	5.786 4	5.582 4	5.389 3	5.206 4	5.033 0	4.868 4
8	7.651 7	7.325 5	7.019 7	6.732 7	6.463 2	6.209 8	5.971 3	5.746 6	5.534 8	5.334 9
9	8.566 0	8.162 2	7.786 1	7.435 3	7.107 8	6.801 7	6.515 2	6.246 9	5.995 2	5.759 0
10	9.471 3	8.982 6	8.530 2	8.110 9	7.721 7	7.360 1	7.023 6	6.710 1	6.417 7	6.144 6
11	10.367 6	9.786 8	9.252 6	8.760 5	8.306 4	7.886 9	7.498 7	7.139 0	6.805 2	6.495 1
12	11.255 1	10.575 3	9.954 0	9.385 1	8.863 3	8.383 8	7.942 7	7.536 1	7.160 7	6.813 7
13	12.133 7	11.348 4	10.635 0	9.985 6	9.393 6	8.852 7	8.357 7	7.903 8	7.486 9	7.103 4
14	13.003 7	12.106 2	11.296 1	10.563 1	9.898 6	9.295 0	8.745 5	8.244 2	7.786 2	7.366 7
15	13.865 1	12.849 3	11.937 9	11.118 4	10.379 7	9.712 2	9.107 9	8.559 5	8.060 7	7.606 1
16	14.717 9	13.577 7	12.561 1	11.652 3	10.837 8	10.105 9	9.446 6	8.851 4	8.312 6	7.823 7
17	15.562 3	14.291 9	13.166 1	12.165 7	11.274 1	10.477 3	9.763 2	9.121 6	8.543 6	8.021 6
18	16.398 3	14.992 0	13.753 5	12.659 3	11.689 6	10.827 6	10.059 1	9.371 9	8.755 6	8.201 4
19	17.226 0	15.678 5	14.323 8	13.133 9	12.085 3	11.158 1	10.335 6	9.603 6	8.950 1	8.364 9
20	18.045 6	16.351 4	14.877 5	13.590 3	12.462 2	11.469 9	10.594 0	9.818 1	9.128 5	8.513 6

年数	折现率/%									
	11	12	13	14	15	16	17	18	19	20
1	0.900 9	0.892 9	0.885 0	0.877 2	0.869 6	0.862 1	0.854 7	0.847 5	0.840 3	0.833 3
2	1.712 5	1.690 1	1.668 1	1.646 7	1.625 7	1.605 2	1.585 2	1.565 6	1.546 5	1.527 8
3	2.443 7	2.401 8	2.361 2	2.321 6	2.283 2	2.245 9	2.209 6	2.174 3	2.139 9	2.106 5
4	3.102 4	3.037 3	2.974 5	2.913 7	2.855 0	2.798 2	2.743 2	2.690 1	2.638 6	2.588 7
5	3.695 9	3.604 8	3.517 2	3.433 1	3.352 2	3.274 3	3.199 3	3.127 2	3.057 6	2.990 6
6	4.230 5	4.111 4	3.997 5	3.888 7	3.784 5	3.684 7	3.589 2	3.497 6	3.409 8	3.325 5
7	4.712 2	4.563 8	4.422 6	4.288 3	4.160 4	4.038 6	3.922 4	3.811 5	3.705 7	3.604 6
8	5.146 1	4.967 6	4.798 8	4.638 9	4.487 3	4.343 6	4.207 2	4.077 6	3.954 4	3.837 2
9	5.537 0	5.328 2	5.131 7	4.946 4	4.771 6	4.606 5	4.450 6	4.303 0	4.163 3	4.031 0
10	5.889 2	5.650 2	5.426 2	5.216 1	5.018 8	4.833 2	4.658 6	4.494 1	4.338 9	4.192 5
11	6.206 5	5.937 7	5.686 9	5.452 7	5.233 7	5.028 6	4.836 4	4.656 0	4.486 5	4.327 1
12	6.492 4	6.194 4	5.917 6	5.660 3	5.420 6	5.197 1	4.988 4	4.793 2	4.610 5	4.439 2
13	6.749 9	6.423 5	6.121 8	5.842 4	5.583 1	5.342 3	5.118 3	4.909 5	4.714 7	4.532 7
14	6.981 9	6.628 2	6.302 5	6.002 1	5.724 5	5.467 5	5.229 3	5.008 1	4.802 3	4.610 6
15	7.190 9	6.810 9	6.426 4	6.142 2	5.847 4	5.575 5	5.324 2	5.091 6	4.875 9	4.675 5
16	7.379 2	6.974 0	6.603 9	6.265 1	5.954 2	5.668 5	5.405 3	5.162 4	4.937 7	4.729 6
17	7.548 8	7.119 6	6.729 1	6.372 9	6.047 2	5.748 7	5.474 6	5.222 3	4.989 7	4.774 6
18	7.701 6	7.249 7	6.839 9	6.467 4	6.128 0	5.817 8	5.533 9	5.273 2	5.033 3	4.812 2
19	7.839 3	7.365 8	6.938 0	6.550 4	6.198 2	5.877 5	5.584 5	5.316 2	5.070 0	4.843 5
20	7.963 3	7.469 4	7.024 8	6.623 1	6.259 3	5.928 8	5.627 8	5.352 7	5.100 9	4.869 6

年数	折现率/%									
	21	22	23	24	25	26	27	28	29	30
1	0.826 4	0.819 7	0.813 0	0.806 5	0.800 0	0.793 7	0.787 4	0.781 3	0.775 2	0.769 2
2	1.509 5	1.491 5	1.474 0	1.456 8	1.440 0	1.423 5	1.407 4	1.391 6	1.376 1	1.360 9
3	2.073 9	2.042 2	2.011 4	1.981 3	1.952 0	1.923 4	1.895 6	1.868 4	1.842 0	1.816 1
4	2.540 4	2.493 6	2.448 3	2.404 3	2.361 6	2.320 2	2.280 0	2.241 0	2.203 1	2.166 2
5	2.926 0	2.863 6	2.803 5	2.745 4	2.689 3	2.635 1	2.582 7	2.532 0	2.483 0	2.435 6
6	3.244 6	3.166 9	3.092 3	3.020 5	2.951 4	2.885 0	2.821 0	2.759 4	2.700 0	2.642 7
7	3.507 9	3.415 5	3.327 0	3.242 3	3.161 1	3.083 3	3.008 7	2.937 0	2.868 2	2.802 1
8	3.725 6	3.619 3	3.517 9	3.421 2	3.328 9	3.240 7	3.156 4	3.075 8	2.998 6	2.924 7
9	3.905 4	3.786 3	3.673 1	3.565 5	3.463 1	3.365 7	3.272 8	3.184 2	3.099 7	3.019 0
10	4.054 1	3.923 2	3.799 3	3.681 9	3.570 5	3.464 8	3.364 4	3.268 9	3.178 1	3.091 5
11	4.176 9	4.035 4	3.901 8	3.775 7	3.656 4	3.543 5	3.436 5	3.335 1	3.238 8	3.147 3
12	4.278 4	4.127 4	3.985 2	3.851 4	3.725 1	3.605 9	3.493 3	3.386 8	3.285 9	3.190 3
13	4.362 4	4.202 8	4.053 0	3.912 4	3.780 1	3.655 5	3.538 1	3.427 2	3.322 4	3.223 3
14	4.431 7	4.264 6	4.108 2	3.961 6	3.824 1	3.694 9	3.573 3	3.459 7	3.350 7	3.248 7
15	4.489 0	4.315 2	4.153 0	4.001 3	3.859 3	3.726 1	3.601 0	3.483 4	3.372 6	3.268 2
16	4.536 4	4.356 7	4.189 4	4.033 3	3.887 4	3.750 9	3.622 8	3.502 6	3.389 6	3.283 2
17	4.575 5	4.390 8	4.219 0	4.059 1	3.909 9	3.770 5	3.640 0	3.517 7	3.402 8	3.294 8
18	4.607 9	4.418 7	4.243 1	4.079 9	3.927 9	3.786 1	3.653 6	3.529 4	3.413 0	3.303 7
19	4.634 6	4.441 5	4.262 7	4.096 7	3.942 4	3.798 5	3.664 2	3.538 6	3.421 0	3.310 5
20	4.656 7	4.460 3	4.278 6	4.110 3	3.953 9	3.808 3	3.672 6	3.545 8	3.427 1	3.315 8

年数	折现率/%									
	31	32	33	34	35	36	37	38	39	40
1	0.763 4	0.757 6	0.751 9	0.746 3	0.740 7	0.735 3	0.729 9	0.724 6	0.719 4	0.714 3
2	1.346 1	1.331 5	1.317 2	1.303 2	1.289 4	1.276 0	1.262 7	1.249 7	1.237 0	1.224 5
3	1.790 9	1.766 3	1.742 3	1.718 8	1.695 9	1.673 5	1.651 6	1.630 2	1.609 3	1.588 9
4	2.130 5	2.095 7	2.061 8	2.029 0	1.996 9	1.965 8	1.935 5	1.906 0	1.877 2	1.849 2
5	2.389 7	2.345 2	2.302 1	2.260 4	2.220 0	2.180 7	2.142 7	2.105 8	2.069 9	2.035 2
6	2.587 5	2.534 2	2.482 8	2.433 1	2.385 2	2.338 8	2.293 9	2.250 6	2.208 6	2.168 0
7	2.738 6	2.677 5	2.618 7	2.562 0	2.507 5	2.455 0	2.404 3	2.355 5	2.308 3	2.262 8
8	2.853 9	2.786 0	2.720 8	2.658 2	2.598 2	2.540 4	2.484 9	2.431 5	2.380 1	2.330 6
9	2.941 9	2.868 1	2.797 6	2.730 0	2.665 3	2.603 3	2.543 7	2.486 6	2.431 7	2.379 0
10	3.009 1	2.930 4	2.855 3	2.783 6	2.715 0	2.649 5	2.586 7	2.526 5	2.468 9	2.413 6
11	3.060 4	2.977 6	2.898 7	2.823 6	2.751 9	2.683 4	2.618 0	2.555 5	2.495 6	2.438 3
12	3.099 5	3.013 3	2.931 4	2.853 4	2.779 2	2.708 4	2.640 9	2.576 4	2.514 8	2.455 9
13	3.129 4	3.040 4	2.955 9	2.875 7	2.799 4	2.726 8	2.657 6	2.591 6	2.528 6	2.468 5
14	3.152 2	3.060 9	2.974 4	2.892 3	2.814 4	2.740 3	2.669 8	2.602 6	2.538 6	2.477 5
15	3.169 6	3.076 4	2.988 3	2.904 7	2.825 5	2.750 2	2.678 7	2.610 6	2.545 7	2.483 9
16	3.182 9	3.088 2	2.998 7	2.914 0	2.833 7	2.757 5	2.685 2	2.616 4	2.550 9	2.488 5
17	3.193 1	3.097 1	3.006 5	2.920 9	2.839 8	2.762 9	2.689 9	2.620 6	2.554 6	2.491 8
18	3.200 8	3.103 9	3.012 4	2.926 0	2.844 3	2.766 8	2.693 4	2.623 6	2.557 3	2.494 1
19	3.206 7	3.109 0	3.016 9	2.929 9	2.847 6	2.769 7	2.695 9	2.625 8	2.559 2	2.495 8
20	3.211 2	3.112 9	3.020 2	2.932 7	2.850 1	2.771 8	2.697 7	2.627 4	2.560 6	2.497 0

附录二 清洁生产审核工作表

使用说明：

1. 本附录的清洁生产审核工作表是为清洁生产审核人员的工作方便而专门设计的。基本上涵盖了审核过程中所需调查的数据、材料以及工作内容。

2. 审核工作表与正文的七章相对应，按各章的序号排列，共由39张表组成，其中第1章2张表，第2章13张表，第3章5张表，第4章3张表，第5章5张表，第6章9张表，第7章2张表。

3. 审核工作表是为一般企业设计的通用的审核工作表，审核人员可根据不同企业的实际情况进行复制、修改和补充。

4. 审核工作表为审核人员工作时使用，并不要求将全部表格作为清洁生产审核报告的内容，但根据附录三“清洁生产审核报告编写要求”，部分表格需要纳入审核报告中作为分析问题的依据。

工作表 1-1 审核小组成员表

姓名	审核小组职务	来自部门及职务职称	专业	职责	应投入的时间

制表：________ 审核：________ 第___页 共___页

注：若仅设立一个审核小组，则依次填写即可，若分别设立了审核领导小组和工作小组，则可分成两表或在一表内隔开填写。

工作表 1-2　审核工作计划表

阶段	工作内容	完成时间	责任部门及负责人	监督考核部门及人员	产出
1. 筹划和组织					
2. 预评估					
3. 评估					
4. 方案产生和筛选					
5. 可行性分析					
6. 方案实施					
7. 持续清洁生产					
8. 审核报告					

制表：__________　审核：__________　第____页　共______页

工作表 2-1　企业简况表

企业名称：____________________　所属行业：____________________

企业类型：____________________　法人代表：____________________

地址及邮政编码：____

电话：______________　传真：______________　联系人：______________

主要产品、生产能力及工艺：

关键设备

职工总数：____________________　技术人员总数：____________________

企业固定资产总值：____

企业年总产值：____________________　年总利税：____________________

建厂日期：____________________　投产日期：____________________

其他（如改扩建情况等）：

制表：__________　审核：__________　第____页　共______页

工作表 2-2　资料收集清单表

序号	内容	可否获得（是或否）	来源	获取方法	备注
1	平面布置图				
2	组织机构图				
3	工艺流程图				
4	物料平衡资料				
5	水平衡资料				
6	能源衡算资料				
7	产品质量记录				
8	原辅材料消耗及其成本				
9	水、燃料、电力消耗及其成本				
10	企业环境方面的资料				
11	企业设备及管线资料				
12	生产管理资料				

制表：＿＿＿＿＿＿　　审核：＿＿＿＿＿＿　　第＿＿页　　共＿＿＿页

工作表 2-3　环保设施状况表

设施名称__________ 处理废物种类__________ 建成时间________ 折旧年限__________
建设投资_____（万元）设计处理量___________ 实际处理量________ 年运行费_____（万元）
年耗电量______（千瓦时）运行天数_______（天/年）______（天/月）监测频率_____（次/月）

设施运行效果

污染物名称	实际处理量		入口浓度			出口浓度			污染物去除量	说明
	平均值	最大值	平均值	最高值	最低值	平均值	最高值	最低值		

处理方法及工艺流程简图

制表：__________　　审核：__________　　第___页　　共_____页

注：① 环保设施包括废水、废气、固废、噪声处理设施以及综合利用设施。

② 当环保设施的能源消耗量较大时，需列表统计环保设施的用能设备信息。

工作表 2-4　企业环保达标及污染事故调查表

一、环保达标情况

1. 采用的标准

2. 达标情况

3. 排污费

4. 罚款与赔偿

二、重大污染事故

1. 简述

2. 原因分析

3. 处理与善后措施

制表：__________　　审核：__________　　第___页　　共_____页

工作表 2-5　工段生产情况表

工段名称：____

工段简述：

工段生产类型：

□连续

□间歇加工

□批量生产

□其他

制表：__________　　审核：__________　　第____页　　共______页

工作表 2-6 产品设计信息表

产品名称_______________

问题	描述
1. 产品能满足哪些功能？	
2. 产品是否进行转变或功能改进？	
3. 其功能能否更符合保护环境的要求？	
4. 使用哪些物料（包括新的物料）？	
5. 现用物料对环境有何影响？	
6. 今后需用的物料对环境有何影响？	
7. 产品（产品设计）是否便于拆卸和维修？	
8. 包括多少组件？	
9. 拆卸需多少时间？	
10. 不拆卸对废物处理有什么后果？	
11. 使用期限有多长？	
12. 哪些组件决定其使用期限？	
13. 那些决定使用期限的组件是否易于更换？	
14. 产品/物料使用后有多大的回用可能性？	
15. 产品组件或物料有多大的回用可能性？	
16. 如何提高产品/物料回用的可能性？	
17. 提高产品/物料回用存在的问题？	
18. 能否减少或消除这些问题？	
19. 能否通过贴标签增强对物料的识别？需要什么样的机会？	
20. 这样做对环境和能源方面有什么影响？	

制表：_____________ 审核：_____________ 第____页 共______页

工作表 2-7　企业输入物料汇总表

工段名称____________________

项目		物料		
		物料号	物料号	物料号
物料种类				
名称				
物料功能				
有害成分及特性				
活性成分及特性				
有害成分浓度				
年消耗量	总计			
	有害成分			
单位价格				
年总成本				
输送方法				
包装方法				
储存方法				
内部运输方法				
包装材料管理				
库存管理				
储存期限				
供应商是否回收	到储存期限的物料			
	包装材料			
可能的替代物料				
可能选择的供应商				
其他资料				

制表：____________　审核：____________　第____页　共______页

注：① 按工段分别填写。

② “输入物料”指生产中使用的所有物料，其中有些未包含在最终产品中，如清洁剂、润滑油脂等。

③ 物料号应尽量与工艺流程图上的号相一致。

④ “物料功能”，指原料、产品、清洁剂、包装材料等。

⑤ “输送方式”，指管线、槽车、卡车等。

⑥ “包装方式”，指 200 L 容器、纸袋、罐等。

⑦ “储存方式”，指有掩盖、仓库、无掩盖、地上等。

⑧ “内部运输方式”，指用泵、叉车、气动运送、输送带等。

⑨ “包装材料管理”，指排放、清洁后重复使用、退回供应商、押金系统等。

⑩ “库存管理”，指先进先出或后进先出。

工作表 2-8 企业产品汇总表

工段名称____________________

项目		产品所需物料		
		物料号	物料号	物料号
产品种类				
名称				
有害成分特性				
年产量	总计			
	有害成分			
运输方法				
包装方法				
就地储存方法				
包装能否回收（是/否）				
储存期限				
客户是否准备	接受其他规格的产品			
	接受其他包装方式			
其他资料				

制表：____________ 审核：____________ 第____页 共______页

注：这些产品所对应的物料号应尽量与工艺流程图上的物料号相一致。

工作表 2-9 企业主要废物特性表

工段名称____________________

1. 废物名称 ____
2. 废物特性 ____

化学和物理特性简介（如有分析报告请附上）

____

____

有害成分

____

有害成分浓度（如有分析报告请附上）

____

____

有害成分及废物所执行的环境标准/法规

____

有害成分及废物所造成的问题

____

3. 排放种类

□ 连续

□ 不连续

类型 □ 周期性____________周期时间____________________

□ 偶尔发生（无规律）

4. 产生量 ______________________
5. 排放量

最大____________________平均__________________________

6. 处理处置方式

____

7. 产生源
8. 产生形式
9. 是否分流

□ 是

□ 否，与何种废物合流

制表：____________ 审核：____________ 第____页 共____页

工作表 2-10 企业历年原辅料和能源消耗表

主要原辅料和能源	单位	使用部位	近三年年消耗量			近三年单位产品排放量				备注
						实耗			定额	

制表：__________ 审核：__________ 第___页 共___页

注：备注栏中填写与国内外同类先进企业的对比情况。

工作表 2-11　企业历年产品情况表

产品名称	生产车间	产品单位	近三年年产量			近三年年产值			占总产值比例			备注

制表：________　　审核：________　　第____页　　共____页

工作表 2-12 企业历年废物流情况表

类别	名称	近三年年排放量			近三年单位产品消耗量				备注
					实排			定额	
废水	废水量								
废气	废气量								
固废	总固废量								
	有毒固废								
	炉渣								
	垃圾								
其他									

制表：＿＿＿＿＿＿ 审核：＿＿＿＿＿＿ 第＿＿页 共＿＿页

注：① 备注栏中填写与国内外同类先进企业的对比情况。

② 其他栏中可填写物质流失情况。

工作表 2-13　企业清洁生产问题产生原因分析表

主要问题点（物耗高/能耗高/废物产生源）	产生原因分析	产生原因分类*

* 注：产生原因按照原辅材料与能源、技术工艺、设备、过程控制、产品、废物、管理和员工八个方面进行分类。

制表：________　　审核：________　　第____页　共____页

工作表 3-1 审核重点资料收集清单表

序号	内容	可否获得（是或否）	来源	获取方法	备注
1	平面布置图				
2	组织机构图				
3	管线布局图				
4	工艺流程图				
5	各单元操作工艺流程图				
6	工艺设备流程图				
7	输入物料汇总				参见工作表 2-7
8	产品汇总				参见工作表 2-8
9	废物特性				参见工作表 2-9
10	历年原辅料和能源消耗表				参见工作表 2-10
11	历年产品情况表				参见工作表 2-11
12	历年废物流情况表				参见工作表 2-12

制表：____________ 审核：____________ 第____页 共______页

注：审核重点的许多调查表形式与预评估阶段各工段的调查表（如工作表 2-7 至工作表 2-12）的形式完全一样，只是把内容由“工段”细化为审核重点的“操作单元”即可，因而本手册对这些表格不再重复列出。

工作表 3-2 审核重点单元操作功能说明表

单元操作名称	功能

制表：__________　　审核：__________　　第___页　　共___页

工作表 3-3 审核重点物流实测准备表

序号	监测点位置及名称	监测项目及频率								备注
		项目	频率	项目	频率	项目	频率	项目	频率	

制表：__________ 审核：__________ 第____页 共____页

工作表 3-4　审核重点物流实测数据表

序号	监测点名称	取样时间	实测结果			备注

制表：________　审核：________　第____页　共______页

注：备注栏中填写取样时的工况条件。

工作表 3-5 审核重点清洁生产问题产生原因分析表

问题产生部位	问题内容	问题产生原因	原因分类*

注：问题产生原因按照原辅材料与能源、技术工艺、设备、过程控制、产品、废物、管理和人员八个方面进行分类。

制表：__________ 审核：__________ 第____页 共____页

工作表 4-1 清洁生产方案（合理化建议）征集表

姓名 ________ 部门 ____________ 联系电话 ________

方案名称：

方案的主要内容：

环境效益估算：

经济效益估算：

制表：________ 审核：________ 第____页 共______页

工作表 4-2 方案汇总表

方案类型	每类方案总数	方案编号	方案名称	方案简介	预计投资	费用类型	预计效果	
							环境效果	经济效益
一、原辅材料和能源替代								
二、技术工艺改造								
三、设备维护和更新								
四、过程优化控制								
五、产品及包装更换或改进								
六、废物回收利用和循环使用								
七、加强管理								
八、员工素质的提高及积极性的激励								
清洁生产方案总数								

注：费用类型指无/低费方案和中/高费方案。

制表：______________ 审核：______________ 第____页 共______页

工作表 4-3 方案筛选结果汇总表

<table>
<tr><th>筛选结果</th><th>费用类型</th><th>方案编号</th><th>方案名称</th></tr>
<tr><td rowspan="6">可行的方案</td><td rowspan="3">无/低费方案</td><td></td><td></td></tr>
<tr><td></td><td></td></tr>
<tr><td></td><td></td></tr>
<tr><td rowspan="3">中/高费方案</td><td></td><td></td></tr>
<tr><td></td><td></td></tr>
<tr><td></td><td></td></tr>
<tr><td rowspan="6">初步可行的方案</td><td rowspan="3">无/低费方案</td><td></td><td></td></tr>
<tr><td></td><td></td></tr>
<tr><td></td><td></td></tr>
<tr><td rowspan="3">中/高费方案</td><td></td><td></td></tr>
<tr><td></td><td></td></tr>
<tr><td></td><td></td></tr>
<tr><td rowspan="6">不可行方案</td><td rowspan="3">无/低费方案</td><td></td><td></td></tr>
<tr><td></td><td></td></tr>
<tr><td></td><td></td></tr>
<tr><td rowspan="3">中/高费方案</td><td></td><td></td></tr>
<tr><td></td><td></td></tr>
<tr><td></td><td></td></tr>
</table>

制表：__________ 审核：__________ 第____页 共_____页

工作表 5-1 方案初步研制表

方案编号及名称	
技术原理	
主要设备	
主要技术经济指标（包括费用及效益）	
可能的环境影响	

制表：____________ 审核：____________ 第____页 共____页

工作表 5-2 总投资费用统计表

可行性分析方案名称：

总投资费用（I）=1+2+3−4

1. 建设投资

（1）工程费用

① 建筑工程费

② 设备及工器具购置费

③ 安装工程费

（2）工程建设的其他科目费用

① 建设用地费用

② 与项目建设有关的费用

③ 与项目未来运营有关的费用

（3）预备费用

① 基本预备费（不可预见费）

② 涨价预备费（价差预备费）

2. 建设期利息

3. 流动资金

（1）存货（原材料、燃料、在制品、产成品）占用资金的增加

（2）现金的增加

（3）应收账款的增加

（4）应付账款的增加

4. 补贴

制表：__________ 审核：__________ 第____页 共____页

工作表 5-3 年新增净现金流量核算表

可行性分析方案名称：

1．年新增利润（P）：$P=$（1）－（2）－（3）

（1）年新增销售收入

（2）年新增总成本费用

1）新增的经营成本（如降低则为负值）

①外购原材料费

②外购燃料和动力费

③工资及福利费

④维修费

⑤其他费用

2）折旧费

3）摊销费

4）财务费用（利息支出）

（3）年新增销售税金及附加等

2．年新增折旧费（D） $D=\frac{I}{n}$

3．所得税率（R）

4．年净现金流量（F）：$F=P\times(1-R)+D$

制表：________ 审核：________ 第____页 共____页

工作表 5-4 方案财务评估基础数据与评估指标汇总表

财务评估基础数据与评估指标	方案：	方案：	方案：
1．总投资费用（I）			
2．项目寿命期（n）			
3．年新增折旧费（D）			
4．年新增利润（P）			
5．年净现金流量（F）			
6．净现值（NPV）（应标明所采用的折现率）			
7．内部收益率（IRR）			
8．静态投资回收期（P_t）			

制表：__________　　审核：__________　　第____页　　共_____页

工作表 5-5 方案简述及可行性分析结果表

方案名称/类型
方案的基本原理：
方案简述：
获得何种效益：
国内外同行业水平：
方案投资：
影响下列废物：
影响下列原料和添加剂：
影响下列产品：
技术评估结果简述：
环境评估结果简述：
经济评估结果简述：

制表：______________ 审核：______________ 第____页 共_____页

工作表 6-1　方案实施进度表（甘特图）

方案名称：

编号	任务	期限	时标												负责部门和负责人

制表：__________　　审核：__________　　第____页　　共_____页

注：①“时标”以条形图显示任务的起始日期和期限；

②两个任务间的联系用任务间所画箭头表示。

工作表 6-2 已实施的无/低费方案环境效益对比一览表

编号	方案名称 \ 比较项目		资源消耗				废物产生			
			物耗	水耗	能耗		废水量	废气量	固体废物量	
		实施前								
		实施后								
		削减量								
		实施前								
		实施后								
		削减量								
		实施前								
		实施后								
		削减量								
		实施前								
		实施后								
		削减量								
		实施前								
		实施后								
		削减量								
		实施前								
		实施后								
		削减量								
		实施前								
		实施后								
		削减量								
		实施前								
		实施后								
		削减量								
		实施前								
		实施后								
		削减量								
		实施前								
		实施后								
		削减量								

制表：__________ 审核：__________ 第____页 共____页

工作表 6-3　已实施的无/低费方案经济效益对比一览表

编号	比较项目 方案名称		产值	原材料费用	能源费用	公共设施费用	水费	污染控制费用	污染排放费用	维修费	税金	其他支出	净利润		
		实施前													
		实施后													
		经济效益													
		实施前													
		实施后													
		经济效益													
		实施前													
		实施后													
		经济效益													
		实施前													
		实施后													
		经济效益													
		实施前													
		实施后													
		经济效益													
		实施前													
		实施后													
		经济效益													
		实施前													
		实施后													
		经济效益													

制表：__________　　审核：__________　　第____页　　共____页

工作表 6-4 已实施的中/高费方案环境效益对比一览表

编号	方案名称	项目	资源消耗				废物产生			
			物耗	水耗	能耗		废水量	废气量	固体废物量	
		方案实施前（A）								
		设计的方案（B）								
		方案实施后（C）								
		方案实施前后之差（A–C）								
		方案设计与实际之差（B–C）								
		方案实施前（A）								
		设计的方案（B）								
		方案实施后（C）								
		方案实施前后之差（A-C）								
		方案设计与实际之差（B–C）								
		方案实施前（A）								
		设计的方案（B）								
		方案实施后（C）								
		方案实施前后之差（A–C）								
		方案设计与实际之差（B–C）								
		方案实施前（A）								
		设计的方案（B）								
		方案实施后（C）								
		方案实施前后之差（A–C）								
		方案设计与实际之差（B–C）								

制表：______________ 审核：______________ 第____页 共______页

工作表 6-5 已实施的中/高费方案经济效益对比一览表

编号	方案名称	项目	产值	原材料费用	能源费用	公共设施费用	水费	污染控制费用	污染排放费用	维修费	税金	其他支出	净利润
		方案实施前（A）											
		设计的方案（B）											
		方案实施后（C）											
		方案实施前后之差（A–C）											
		方案设计与实际之差（B–C）											
		方案实施前（A）											
		设计的方案（B）											
		方案实施后（C）											
		方案实施前后之差（A–C）											
		方案设计与实际之差（B–C）											
		方案实施前（A）											
		设计的方案（B）											
		方案实施后（C）											
		方案实施前后之差（A–C）											
		方案设计与实际之差（B–C）											

制表：________ 审核：________ 第____页 共____页

注：① 设计的方案费用是方案费用的理论值，方案实施后的费用是该方案费用的实际值，分析二者之差是为了寻找差距，完善方案。

② 表中各栏，若为收入则值为正，若为支出则值为负。

工作表 6-6 已实施的清洁生产方案环境效益汇总表

项目			资源消耗（削减量）					废物产生（削减量）				
类型	编号	名称	物耗	水耗	能耗			废水量	废气量	固废量		
无/低费方案												
小计		削减量										
		削减率										
中/高费方案												
小计		削减量										
		削减率										
总计		总削减量										
		总削减率										

制表：________　　审核：________　　第___页　　共___页

工作表 6-7　已实施的清洁生产方案经济效益汇总表

类型	编号	项目 名称	产值	原材料费用	能源费用	公共设施费用	水费	污染控制费用	污染排放费用	维修费	税金	其他支出	净利润		
无/低费方案															
小计															
中/高费方案															
小计															
总计															

制表：＿＿＿＿＿＿　　审核：＿＿＿＿＿＿　　第＿＿页　　共＿＿页

工作表 6-8　已实施的清洁生产方案实施效果的核定与汇总表

方案类型	方案编号	方案名称	实施时间	投资	运行费	经济效益	环境效果			
无/低费方案										
		小计								
中/高费方案										
		小计								
		合计								

制表：______　审核：______　第____页　共____页

工作表 6-9 审核前后企业各项单位产品指标对比表

单位产品指标	审核前	审核后	差值	国内先进水平	国际先进水平
单位产品原料消耗					
单位产品水耗					
单位产品煤耗					
单位产品汽耗					
单位产品综合能耗					
单位产品排水量					
（其他单位产品指标……）					

制表：__________ 审核：__________ 第____页 共____页

工作表 7-1 清洁生产组织机构

组织机构名称	
行政归属	
主要任务及职责	

制表：______________ 审核：______________ 第____页 共______页

工作表 7-2　持续清洁生产工作计划表

计划分类	工作内容	完成时间	责任部门及负责人	考核部门及人员	产出
1. 本轮清洁生产方案（未实施的推荐最佳中/高费方案）实施计划					
2. 下一轮清洁生产审核工作计划					
3. 清洁生产技术研发计划*					
4. 清洁产品开发/生态设计计划*					
5. 清洁生产培训计划					
6. 其他持续清洁生产计划*					

注：* 需根据企业自身技术水平和技术实力有针对性地制定。

制表：________　　审核：________　　第____页　　共____页

附录三　清洁生产审核报告编写要求

参照2018年4月生态环境部和国家发展改革委联合印发的《清洁生产审核评估与验收指南》（环办科技〔2018〕5号）的要求，企业基本完成清洁生产审核显而易行方案的实施，在中/高费方案可行性分析后，将审核的主要过程及工作情况编写成册，形成“清洁生产审核报告”。

清洁生产审核报告

目的

通过总结清洁生产审核中现场考察、资料分析及实测，针对能耗高、物耗高、废物产生原因开展清洁生产审核工作；记录审核发现问题、分析问题、提出对策、提出和实施显而易行清洁生产方案的审核过程，汇总方案实施取得的绩效和分析提出的中/高费方案。

时间

企业基本完成清洁生产无/低费方案，在清洁生产中/高费方案可行性分析后和中/高费方案实施前。

编写大纲及要求

前　言

介绍企业本轮清洁生产审核的相关背景信息。

第1章　筹划和组织

1.1 取得领导支持和参与

1.2 组建审核小组

1.3 制订审核工作计划

1.4 开展宣传教育与培训

本章要求有如下表

- 审核小组成员表（见附录二中工作表1-1）；
- 审核工作计划表（见附录二中工作表1-2）。

第 2 章　预评估

2.1 企业整体概况

通过现状调研和现场考察，全面系统地总结企业现状，包括原辅材料、水、能源、产品、生产、人员、管理及环保等概况。本节在介绍企业生产、管理现状的同时，还要掌握企业自身最好历史水平、同行业同规模企业生产、管理、环保水平等基础资料与信息，为后续分析评价企业清洁生产潜力提供充分翔实的资料与现场依据。

2.2 企业清洁生产潜力分析与评价

依据本行业清洁生产标准、评价指标体系或对比分析国内外同类企业物耗、能耗和产污排污等状况，对本企业的清洁生产潜力进行全面分析与评价。

2.3 明确审核总体方向与审核主线

2.4 确定审核重点

2.5 设置清洁生产目标

本章要求有如下图表：

- 企业平面布置简图；
- 企业组织机构图；
- 企业主要工艺流程图；
- 企业输入物料汇总表（见附录二中工作表 2-7）；
- 企业产品汇总表（见附录二中工作表 2-8）；
- 企业主要废物特性表（见附录二中工作表 2-9）；
- 企业历年废物流情况表（见附录二中工作表 2-12）；
- 企业能耗高/物耗高/废物产生原因分析表（见附录二中工作表 2-13）；
- 清洁生产目标一览表（参见正文表 2-3）。

第 3 章　评估

3.1 审核重点概况

本节主要包括审核重点工艺流程图、工艺设备流程图和各单元操作流程图等。

3.2 输入输出物流

3.3 建立物料平衡关系

3.4 进行物质流分析

3.5 分析问题产生原因

本章要求有如下图表：（以下表格需根据审核重点特性加以调整、补充）

- 审核重点平面布置图；
- 审核重点组织机构图；
- 审核重点工艺流程图；
- 审核重点各单元操作工艺流程图；

- 审核重点单元操作功能说明表（见附录二中工作表 3-2）；
- 审核重点工艺设备流程图；
- 审核重点物料输入输出工艺流程图；
- 审核重点物流实测准备表（见附录二中工作表 3-3）；
- 审核重点物流实测数据表（见附录二中工作表 3-4）；
- 审核重点工艺流程物料平衡图；
- 审核重点物料平衡（汇总）图；
- 审核重点清洁生产问题产生原因分析表（见附录二中工作表 3-5）。

第 4 章 方案产生和筛选

4.1 方案汇总

包括所有的已实施、未实施；可行、不可行的方案。

4.2 方案筛选

4.3 清洁生产审核阶段性总结

本章要求有如下图表：

- 方案汇总表（见附录二中工作表 4-2）；
- （若实际使用的话）方案的权重总和计分排序表；
- 方案筛选结果汇总表（见附录二中工作表 4-3）；

第 5 章 可行性分析

5.1 调研确定方案基本内容

5.2 技术评估

5.3 环境评估

5.4 财务评估

5.5 确定推荐实施的最佳可行方案

本章要求有如下图表：

- 方案初步研制表（见附录二中工作表 5-1）。
- 方案财务评估基础数据与评估指标汇总表（见附录二中工作表 5-4）；
- 方案简述及可行性分析结果表（见附录二中工作表 5-5）。

第 6 章 无/低费方案实施及中/高费方案实施计划

6.1 简述及中/高费方案实施计划

6.2 已实施的无/低费方案的成果汇总

6.3 拟实施的中高费方案成果预测

6.4 实施方案对企业清洁生产水平的影响分析

本章要求有如下图表：

- 已实施的无/低费方案环境效益对比一览表（见附录二中工作表 6-2）；
- 已实施的无/低费方案经济效益对比一览表（见附录二中工作表 6-3）；
- 拟实施的中/高费方案环境效益对比一览表（见附录二中工作表 6-4）；
- 拟实施的中/高费方案经济效益对比一览表（见附录二中工作表 6-5）；

结论

结论包括以下内容：

- 清洁生产审核已实施方案绩效；
- 拟实施中/高费方案预期效果；
- 是否能达到设置的清洁生产目标；
- 企业清洁生产预期水平。

附录四　清洁生产审核验收报告编写要求

参照 2018 年 4 月生态环境部和国家发展改革委联合印发的《清洁生产审核评估与验收指南》（环办科技〔2018〕5 号）的要求，企业在中/高费方案实施后，需将该阶段的主要工作内容及企业取得的审核成果编写成册，形成“清洁生产审核验收报告”。

清洁生产审核验收报告

目的

在审核结束前，汇总清洁生产方案实施取得的绩效，分析清洁生产审核对企业产生的影响，记录企业持续清洁生产推进机制，对本轮清洁生产审核进行全面综合的总结。

时间

在企业实施完成清洁生产中/高费方案后。

编写大纲及要求（其内容应当包括但不限于以下方面）

前　言

介绍本轮审核技术评估会后相关审核工作开展情况。

第 1 章　企业基本情况

1.1 企业清洁生产审核推进及产业政策、环境政策符合性

1.2 已实施方案持续运行状况

第 2 章　《清洁生产审核评估技术审查意见》的落实情况

2.1 审核评估技术审查专家意见的落实情况

2.2 审核评估技术审查会后企业开展的工作及行动

本章要求包括：

· 审核报告修改单；

· 企业审核推进相关图表。

第 3 章　清洁生产方案实施绩效

3.1 清洁生产中/高费方案实施过程

3.2 评价清洁生产中/高费方案实施效果

3.3 统计验证已实施中/高费方案环境经济成果

3.4 汇总显而易行方案和中/高费方案实施绩效

本章要求包括表（图）:

- 已实施中/高费方案环境效益对比一览表（见附录二工作表 6-4）;
- 已实施中/高费方案经济效益对比一览表（见附录二工作表 6-5）;
- 已实施的清洁生产方案环境效益汇总表（见附录二工作表 6-6）;
- 已实施的清洁生产方案经济效益汇总表（见附录二工作表 6-7）;
- 清洁生产方案实施效果的核定汇总表（见附录二工作表 6-8）;
- 清洁生产中/高费方案实施佐证资料。

第 4 章　清洁生产审核对企业的影响分析

4.1 清洁生产目标实现情况分析

4.2 企业清洁生产水平提升分析

4.3 企业主要经济技术指标变化情况

本章要求包括表（图）:

- 审核前后清洁生产目标对比表;
- 审核前后清洁生产水平提升对比表;
- 审核前后企业各项单位产品指标对比表（见附录二工作表 6-9）。

第 5 章　持续清洁生产

5.1 清洁生产组织机构

5.2 清洁生产管理制度

5.3 持续清洁生产计划

第 6 章　结论

结论包括（不限于）以下内容:

- 企业清洁生产现状（审核结束时）所处的水平及真实性、合理性评价;
- 是否达到所设置的清洁生产目标;
- 已实施清洁生产方案成果总结;
- 持续清洁生产的主要方向与行动。

参考文献

[1] 国家环境保护局. 企业清洁生产审核手册. 中国环境科学出版社，1996.

[2] 卞耀武. 中华人民共和国清洁生产促进法释义. 法律出版社，2003.

[3] 全国人民代表大会常务委员会. 中华人民共和国清洁生产促进法（修正案），2012.

[4] 国家发展和改革委员会，国家环境保护总局. 清洁生产审核暂行办法，2004.

[5] 国家发展和改革委员会，建设部. 建设项目经济评价方法与参数（第三版）. 中国计划出版社，2006.

[6] 毕军，黄和平，等. 物质流分析与管理. 科学出版社，2009.

[7] 吴开亚. 物质流分析：可持续发展的测量工具. 复旦大学出版社，2012.

[8] 环境保护部清洁生产中心，冶金清洁生产技术中心. 钢铁行业清洁生产培训教材. 冶金工业出版社，2012.